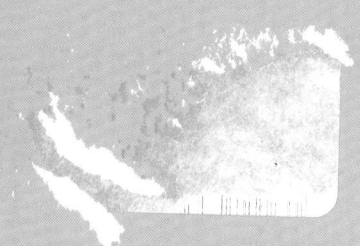

# 小鉢料理
## 雅饌精選300道

✣鶴林よしだ 吉田靖彦　　✣なかむら 中村博幸

瑞昇文化

# 小鉢料理，讓料理世界無限延伸

在日本料理中，從生魚片開始，到燉煮料理、燒烤料理、蒸煮料理、油炸料理等，各種能成為主菜的美味佳餚層出不窮。而在這些料理之中，小鉢料理又有什麼樣的魅力呢？

小鉢料理並非只是將生魚片的分量減少，或是將食材切成較小的形狀而已。即使是一道單品，也能成為搭配酒類的佳餚，獨具價值。若加以組合，更可作為套餐料理的前菜或八寸*，廣受喜愛。此外，在正餐中，小鉢料理亦能成為懷石便當、和食套餐的配菜，甚至作為點心呈現其獨特的魅力。只要巧妙搭配這些充滿魅力的小鉢料理，便能讓料理的世界無限寬廣。

## 打造獨具魅力的小鉢料理

那麼，要製作出富有魅力的小鉢料理，需要掌握哪些關鍵要點呢？

### ■ 善用食材

首先，在小鉢料理中，最重要的是如何巧妙運用食材。日本料理講究「時令旬味」，這一點也同樣適用於小鉢料理的選材。此外，與主菜不同，小鉢料理可以靈活運用邊角料，創造出別具風味的涼拌料理或醋漬料理，展現出新的料理魅力。

*八寸，懷石料理中的一道菜序，通常作為下酒菜或前菜。名稱的由來源自於以前的廚師，會將各種山珍海味做成約能一口吃下的大小，再放入八寸（約25cm）的木盒餐具中。八寸注重擺盤，通常是懷石料理中外觀最華麗的菜餚，因此上面也會有不少裝飾用的花、葉子等小物。

2

## 組合小鉢的樂趣能夠帶來感動

### ■ 器皿的運用

與主菜不同，小鉢料理的器皿可多樣化，增添變化。例如，使用別緻的玻璃杯或小巧可愛的器皿盛裝，不僅能讓料理更精緻，還能為飲酒場合增添華麗氛圍。若能選用符合季節特色的小鉢來呈現料理，更能帶來驚喜與愉悅。小鉢用的器皿價格相對親民，值得多方收集，豐富餐桌的視覺美感。

### ■ 調理方式的變化

涼拌料理與醋漬料理是最常見的小鉢料理，但若能在調味醬或醋汁上加以變化，將更具吸引力。此外，烹調方式也應靈活運用，不僅僅是單一菜色的呈現，而是將燉煮、燒烤、油炸等不同料理組合在同一小鉢中，藉由層次的變化，創出小鉢料理才能呈現的獨特創新的美味體驗。

小鉢料理不僅可以單獨享用，還能透過多道小鉢料理的組合，形成「組合小鉢」，讓餐桌更顯華麗。一組精心搭配的小鉢端上桌的瞬間，將帶給顧客驚喜與感動，進而成為話題、提升店家的口碑與評價。為了提供組合小鉢，事先準備能容納多道料理的竹籃或木盒等器皿也是關鍵。

本書介紹了各式各樣受歡迎的小鉢料理，此外，還收錄了適合用來製作小鉢料理的單品料理。希望讀者能靈活搭配這些料理，自由發揮創意、創造出獨具特色的新式小鉢料理。

# 小鉢料理雅饌精選300道

小菜、前菜、下酒菜，煮烤炸醃漬等 食材的百味調理法

目錄

## 小鉢料理，讓料理世界無限延伸 ... 2

### 透過當令食材、烹煮與調味的變化，拓展料理的可能性

## 人氣小鉢料理 ... 9

### 透過調和醬汁的巧思，展現豐富的風味 ... 10

- 白和無翅豬毛菜佐煙燻鮭魚拌開心果 ... 10
- 蝦夷蔥佐海螺拌豆瓣醬味噌 ... 10
- 蛤蜊佐嫩筍尖拌梅肉 ... 11
- 奶油馬鈴薯拌北魷肝醬 ... 12
- 真珠蛤與山葵花的芥末醬漬 ... 12
- 蘆筍佐明蝦拌蛋黃醋 ... 13

### 醋的清爽風味，提升下一道料理的美味 ... 14

- 蕨菜與竹筍的甘醋漬 ... 14
- 富山冰見鯖魚博多押壽司佐蛋黃醋 ... 14
- 新洋蔥佐海鰻彩蔬南蠻漬 ... 15

### 清淡爽口的涼拌菜，深受饕客喜愛 ... 16

- 西洋芹佐櫻花蝦與京都油豆皮涼拌菜 ... 16
- 松葉蟹佐鴨兒芹涼拌菜 ... 17
- 豬牙花佐銀魚燙青菜 ... 17

### 溫和的燉煮料理，讓餐食與美酒更添樂趣 ... 18

- 鯛魚卵煮凍佐胡麻醬 ... 18
- 鯛魚卵與嫩青豆玉子燴 ... 18
- 風呂吹蕪菁 ... 19
- 筍拌甘草佐炸地瓜的燉煮料理 ... 20
- 燉煮飯蛸佐梅醋凍 ... 20

### 海鮮、蔬菜、肉類⋯⋯當令食材燒烤最美味 ... 21

- 鯛豆、鮑魚、竹筍佐藍紋起司燒 ... 21
- 炭烤海鼠 ... 21
- 山椒油烤小香魚 ... 22

4

## 酥脆鮮美的炸物料理，讓美酒更順口

- 炸蕨菜山藥泥 ... 23
- 炸海老芋佐海膽內餡與蝦末醬汁 ... 23
- 春季紅蘿蔔與嫩青豆什錦天婦羅佐蝦鹽 ... 23
- 紫蘇百合根　三味天婦羅 ... 24

## 將肉類料理融入日本料理的獨特風味

- 牛肉與葉牛蒡金平 ... 24
- 春高麗菜與三元豚里肌佐韓式味噌醬 ... 25
- 炭烤牛里肌壽喜燒 ... 25
- 水茄子與牛里肌蘿蔔泥燉煮 ... 26

## 以高湯為主角的椀物料理，是濃郁順口具魅力的小鉢料理

- 綠蘆筍擂流湯 ... 26
- 鮑魚柔煮佐海藻山藥泥與八方醋 ... 27
- 翡翠茄子與山藥素麵 ... 27
- 松葉蟹生菜捲佐蟹高湯燉煮 ... 28
- 蛤蜊與山葵花澤煮湯 ... 28
- 三種小吸物（清湯）... 29

## 在和風料理中增添變化與樂趣

- 炸根莖蔬菜與鰤魚佐塔塔醬 ... 30
- 生青海苔佐白身魚拌義大利香醋 ... 31
- 炙烤竹筍佐螢烏賊拌羅勒味噌 ... 32

## 以人氣調理法「油封」打造全新風味

- 油封干貝佐山菜檸檬醋 ... 32

## 善用可預先準備的料理

- 山菊與蛤蜊佃煮 ... 33
- 新生薑與山椒粒煮 ... 33
- 醬油漬蘿蔔乾 ... 33

## 將自家製珍味搭配成小鉢提供

- 鯛魚白子　珍味三品（鯛魚白子酒盜漬／鯛魚昆布佐白子拌柚子醋／鯛魚白子酒粕燒）... 34

## 夏季蔬菜的色彩鮮豔小鉢

- 涼拌時蔬番茄湯 ... 34
- 夏季蔬菜的炸煮 ... 36
- 水晶冬瓜　干貝柱生薑醬汁 ... 36
- 苦瓜與珍珠蛤貝的酒粕涼拌菜 ... 37
- 新鮮馬鈴薯棣棠花炸 ... 37

## 誘發食慾的角色小鉢料理

- 鰻魚醋黃瓜 ... 38
- 南蠻風味咖哩章魚 ... 38
- 涮牛肉沙拉 ... 40
- 海鰻魚皮黃瓜和生魚片海蜇拌 ... 40
- 汆燙海鰻魚佐梅肉果凍 ... 41

# 魅力的小鉢組合

花見……46
夜櫻……46
春慶……47
朝顏……48
網目圓盤……49
螢籠炭斗……50
彩色小鉢組合……51,52

## 根據搭配方式，料理可以自由變化的 小鉢單品料理集……53

### ● 煮物

●栗子南瓜燉煮 54／●軟煮章魚 54／●紅蘿蔔、白蘿蔔的信田卷 54／紅燒合鴨胸 55／燉煮小芋頭 55／小切茄子八方煮 56／鰹魚時雨煮 56／萬願寺辣椒炒小魚乾煮 56／香菇八方煮 57／●烤星鰻竹筍 山菊的大原木煮 57／明蝦黃味煮 57／小倉蓮根田舍煮 58／●小丸飛龍頭 58／穴子鳴門卷 58／芋頭六方煮 59／炸茄子佐毛豆泥 59／蛤蜊時雨煮 59／筑前煮 60／明蝦毛豆真丈煮 60／●一寸豆蜜煮 61／●焦燒山藥八方煮 61／日本海峨螺甜煮 61／筍牛肉捲煮 62／櫻花紅蘿蔔香梅煮 62／賀茂茄子炸煮 62／土雞艷煮 63／●炒嫩牛蒡與獨活煮 63／土雞肉丸山椒煮 63／管牛蒡烤星鰻炊飯 64／山藥蓮藕里肌時雨煮 64／冬瓜翡翠煮 65／●海老芋荷蘭煮 65／秋茄子翡翠煮 66／栗子澀皮煮 66／海鰻黃味煮 66／燉煮鮑魚 66／松茸八方煮 67／●利久麩旨煮 67／丸十檸檬蜜煮 67／燉煮蕪菁 68／●紅葉麩熬煮 68／手綱蒟蒻土佐煮 68／甜煮豆蠑螺 69／毛豆醬油煮 69／菊花蕪菁煮 69／青佐柚子味噌 70／●合鴨治部煮 70／萬願寺唐辛子煮明蝦泥餡 71／菁佐豆腐炸煮 71／獨活荷蘭煮 71／栗八方煮 72／●毛豆豆腐炸煮 72／艾草麩荷蘭煮 72／海鰻魚卵佐小芋頭拌鴨兒芹炒蛋 72／●木葉南瓜 73／白蘆筍濃湯煮 73／鰻魚卵佐蘭煮 73／迷你番茄煮 74／●竹筍土佐煮 74／花百合根八方煮 75／鰻魚明蝦信田卷 75／牛蒡煮雞肉餡 76／●冬瓜鰻魚博多煮 76／鰻魚印籠煮 76／辛煮沙丁魚 77／瓜球、紅蘿蔔球 77／明蝦芝煮 77／高野豆腐卵信田卷 78／山藥球 78／飯蛸櫻煮 78／●青豆麩八方煮 78／燉煮荷蘭與鴻喜煮 78／鰻魚、南禪寺豆腐 79／芹炒蛋 79／和風烤牛肉 80／鯛魚子燉煮 79／山菊土佐煮 80／有馬煮 80／生牡蠣時雨煮 81／煮海鰻魚凍 82／甜煮香魚 82／●獨活荷蘭煮 82／●鰻魚新丸十檸檬煮 83／●櫻花山藥 83／山菊土佐煮 83

### ● 燒烤類……84

●紋甲烏賊海苔燒 84／抱卵香魚西京燒 84／蒲燒鰻玉子燒 84／馬頭魚玉米燒 85／●土雞八幡卷一味山椒醬燒 85／松葉蟹酒盜燒 85／明蝦鬼殼燒 86／山菜烏賊燒 86／油目山椒燒 86／鰤魚味噌幽庵燒 86／●貝柱琥珀燒 87／黑喉魚酒盜醬燒 87／蕨菜牛肉卷燒 87／奶油醬燒新洋蔥 88／烤馬頭魚深山燒 88／星鰻八幡卷 88／芝麻燒海鰻 89／油目魚海膽醬油燒 89／鹽烤白北魚 89／味噌漬鮑魚 90／合鴨蔥卷燒 90／烤馬頭魚深山燒 91／烤鱸魚 91／鮪魚牛排 90／●玉子燒 91／●烤麩田樂味噌 92／鹽烤香魚 92／田舍風網燒 91／多利魚味噌幽庵漬 92／鰻魚八幡卷 93／烤牛菲力 94／高湯玉子燒 93／●秋季海鰻佐黃瓜捲 93／焗烤伊勢龍蝦 94／明蝦山椒葉味噌燒 94／千層鮑魚佐肝燒 95／柚香鱸魚幽庵燒 95／魚佐山椒葉味噌燒 95／馬頭魚焗烤馬鈴薯沙拉 96／軟絲黃味酒盜燒 96／●土雞肉丸山椒燒 96／白帶魚獨活八幡卷 97／艾草麩柚子味噌燒 97／秋刀魚柚香燒 98／唐墨燒明蝦 98

6

鐵鍬燒雞腿 98／馬頭魚若狹燒 98／烤紋甲烏賊 98
竹筍、山椒葉田樂味噌燒 99／白北魚玉子獻珍燒 99／鹽燒櫻花鯛魚 99
豆腐 99／柚子胡椒風味牛腿肉燒 100／鮑魚海膽酒盜醬燒 100／蒲燒鰻魚 100
鰤魚燒麵麩 100／幽庵海膽燒鱸魚 100／馬頭魚嫩草燒 101／松茸 101
醬燒麵麩 101／多利魚味噌漬烤 101／土雞松風燒 102／白北魚
山椒葉味噌燒 102／抹茶淋醬蜜煮地瓜 102

● 炸物

紫蘇葉炸沙鮻 103／炸玉米餅 103／炸蝦蘆筍卷 103／櫻花山藥炸櫻
花蝦粉 104／米紙春捲炸物 104／竹筍、明蝦炸豆的什錦天婦羅 104
香魚煎餅 105／炸明蝦地瓜絲卷 105／馬頭魚松笠揚 105／白
蘆筍生火腿糯米粉炸 106／燉小芋頭炸蛋黃麵糊 106／竹筴魚立田揚
糯米粉炸芋頭 107／馬頭魚松笠揚 107／炸新牛蒡鯛魚皮捲 107／薄殼
豌豆與明蝦可樂餅 108／炸海鰻秋茄子捲 108／炸栗子南瓜佐墨粟籽
餅 109／炸溪蝦 109／九孔共肝天婦羅 109／炸新鮮蜜地瓜 110／炸鮑魚
婦羅 110／● 炸章魚 111／● 炸土雞肉丸佐糖醋餡 110／● 黑毛豆和栗子明寺麵糊 111／明蝦天
● 炸蓮藕夾明蝦 111／● 炸鯛魚天婦羅 112／● 炸毛豆天婦羅 112／● 炸
● 炸舞勸香魚 113／● 炸鱈魚白子黃衣天婦羅 113／● 炸毛豆和栗子明寺麵糊
● 炸蓮藕饅頭 114／● 炸鮑魚佐海膽 114／● 炸鯛魚捲葉牛蒡佐真挽粉
● 炸海鰻山獨活捲 115／● 炸竹筍夾明蝦 115／● 炸海鰻魚裏道明寺麵糊
炸小干貝與鴨兒芹天婦羅 116／● 炸沙鮻佐蛋黃 116／● 炸白扇葉牛蒡
● 炸芋頭 118／● 炸甜蝦 118／● 炸白魚佐真挽粉 117／● 炸鯛豆夾明蝦泥
炸新蓮藕與星鰻蛇籠卷 118

● 涼拌菜

胡麻涼拌菜豆與山獨活 119／● 梅肉拌新蓮藕與白燒鰻魚 119／● 白芋莖與
明蝦胡麻奶油拌 121／● 鮑魚清酒煎肝醬拌炒 120／● 竹筍與獨活山椒葉味噌
拌 121／● 小芋頭、毛豆與明蝦拌白和風醬 121／● 柿子、明蝦與栗子拌白和

● 醋料理

水針魚與烏貝醋漬佐鮭魚卵 125／● 嫩時蔬菜與山藥素麵
● 赤貝、烤香菇佐黃蔥佐芥末醋味噌 125／● 海鰻南蠻漬
用菊花佐柚子醋拌 125／● 菠菜、金耳菇、鴻喜菇與食
鰻魚與黃瓜 126／● 醋漬新生薑 126／● 比目魚錦絲卷
● 鮟鱇魚肝佐柑橘醋 127／● 芥末蓮藕根 127／● 螢烏賊佐芥
醋拌沙鮻菊花蘿蔔泥 128／● 蛤蜊味噌拌 128／● 醋拌蒲燒
味噌拌佐鳥貝與黃蔥 128／● 花形蓮藕甜醋漬 129／● 炸小香魚南
● 炙燒鯛魚白子佐蛋黃醋 130／● 利久麩與十貝白醋拌 130／● 芥末
芥末醋味噌 131／● 山藥素麵佐生海膽 131／● 大葉擬寶珠佐
● 白芋莖佐蛋黃醋 133／● 時蔬白玉蘿蔔佐和風醋 132／● 飯
蛸佐芥末醋味噌 134／● 白身魚南蠻漬 133／● 生薑醋拌梭子蟹 134／●

● 浸物

迷你秋葵醃漬 135／● 紅葉紅蘿蔔 135／● 金針菇、鴻喜菇與茼蒿浸煮
● 萬願寺甜辣椒燒浸煮 136／● 醋漬青豌豆 136／● 醃漬荷蘭豆 136／涼
拌山葵花與干貝 137／● 芥末拌油菜花 137／● 醃漬菜豆 137

● 魚漿料理、什錦料理、捲壽司類

● 明蝦皮捲白芋莖 138／● 明蝦與水針魚手綱捲 138／● 百合根南瓜茶巾
燒 138／● 豌豆芝麻豆腐 139／● 百合根與青豆二色茶巾燒 139／● 胡麻豆腐
● 章魚南瓜肝凍 140／● 萬願寺甜辣椒燒浸煮 140／● 鮟鱇魚肝凍 141／● 櫻花豆腐拌柚子味噌
● 南瓜茶巾燒拌黑毛豆泥 141

7

## ● 生魚片

比目魚鹽吹昆布 142／● 鯛魚昆布捲 142／● 秋鯖魚醋漬 142／● 星鰻苗昆布漬 143／● 劍烏賊拌納豆 143／● 金桔釀鮭魚卵 143／● 海鰻湯引 144／劍烏賊拌鮭魚卵／● 劍烏賊拌肉臟 144／● 薄切紅葉鯛與切絲劍烏賊 144／● 生筋子醬油漬 鯛魚昆布漬、黃菊、青竹盛 145

## ● 蒸物

蒸海膽玉子豆腐 146／● 星鰻玉子獻珍蒸 146／● 馬頭魚道明寺蒸裹櫻花葉 葉卷 147／● 合鴨鹽蒸 147／● 玉子獻珍蒸 148／● 星鰻柳川蒸 148／● 蒸馬頭魚湯葉卷 149／● 鰻玉子獻珍蒸 149／● 鹽蒸小芋頭 150／松葉蟹海膽蒸豆腐 150

## ● 開胃菜

● 鹽辛北魷 151／● 越瓜雷乾 151／● 別甲玉子 151／● 奶油風味烤毛豆 152／● 炙烤烏魚子 152／● 溏心蛋 152／● 甜脆豆佐金山寺味噌 152／● 竹花丸 153／胡瓜佐金山寺味噌 153／● 秋葵佐金山寺味噌餡 153／● 子持昆布漬 153

## ● 配菜

● 楓葉冬瓜 154／● 菊花蕪菁 154／● 獨活鹽麴味噌漬 154／生薑甜醋漬 154／● 炙烤炸地瓜 155／● 山藥豆松葉串 155／● 扭梅白玉蘿蔔 156／金時紅蘿蔔 156／● 炸銀杏餅松葉串 156／● 炸銀杏松葉串 156／● 紫蘇百合 瓣獨活 157／● 根佐梅肉 157／● 甜醋生薑 157／● 醋漬茗荷 157／● 鹽水煮蠶豆 157／● 花瓣獨活 158／● 花瓣紅蘿蔔 158／● 紅葉甜椒、銀杏甜椒 158／● 鹽水煮毛豆 158

## ● 主食

● 散壽司 159／● 小香魚壽司 159／● 比目魚山椒葉壽司 159

## ● 湯品

● 惜別的海鰻與松茸湯 160／● 油目魚澤煮湯 160／● 蛤蜊味噌湯 160／● 鮑魚山葵湯 160

人氣小鉢料理　材料與作法 161

❖ 透過當令食材、
烹煮與調味的變化，
拓展料理的可能性

# 人氣小鉢料理

## 透過調和醬汁的巧思，展現豐富的風味

豆腐、芝麻、味噌、梅肉……等多種食材都能用來製作調和醬汁，為料理增添濃郁口感與酸味，使小鉢與小碟料理的風味更加豐富。

### 白和＊無翅豬毛菜佐煙燻鮭魚拌開心果

在白和中加入開心果等堅果，不僅提升口感層次，還能讓風味更加美味。此外，它與煙燻鮭魚等煙燻食材也十分契合。

詳細作法請參閱 P.162

＊白和，以豆腐磨成泥為底的沙拉醬料。

### 蝦夷蔥佐海螺拌豆瓣醬味噌

「蝦夷蔥」是秋田縣的山菜，為細香蔥的嫩芽，帶有淡淡的甜味與辛辣感。搭配豆瓣醬的微辣味噌拌勻，呈現出獨特的鄉土料理風味。

詳細作法請參閱 P.162

10

## 蛤蜊佐嫩筍尖拌梅肉

這道小鉢料理搭配食材與櫻花樹枝裝飾，營造出春天降臨的氛圍。梅肉的鹹味較強，因此使用事先依個人口味調整過鹽度的梅肉來製作。

詳細作法請參閱 P.162

## 奶油馬鈴薯拌北魷肝醬

將受歡迎的奶油馬鈴薯加以變化，搭配春季最美味的北魷肝（內臟）拌製而成。濃郁的風味，使其成為深受喜愛的下酒菜。

詳細作法請參閱 P.163

## 真珠蛤與山葵花的芥末醬漬

這道料理使用自家製的芥末醬漬來拌製。透過醃漬方式，冷藏保存可長達一個月，能輕鬆應對臨時來訪的客人。

詳細作法請參閱 P.163

12

## 蘆筍佐明蝦拌蛋黃醋

口感滑順且濃郁的蛋黃醋與蘆筍十分搭配。最後撒上醬油粉，能讓整體風味更加鮮明。

詳細作法請參閱 P.163

## 醋的清爽風味，提升下一道料理的美味

在基本的調味醋中加入香料蔬菜或香辛料，不僅能增進食慾，還能讓人對接下來的料理充滿期待。

### 新洋蔥佐海鰻彩蔬南蠻漬*

海鰻與甜味濃郁的新洋蔥是絕佳搭配，口感極為美味。在海鰻的南蠻漬中，加入彩椒、細香蔥、木耳、小蘿蔔等食材，讓整道料理更加鮮豔誘人。

*南蠻漬，指將炸過的食材，浸泡在香辛料、醋等調和的醬汁中醃漬的菜餚。

詳細作法請參閱 P.164

## 富山冰見*鯖魚博多押壽司佐蛋黃醋

這道押壽司層層堆疊了醋漬鯖魚、煙燻鮭魚、龍皮昆布*、千枚漬*、紅蕪菁漬等食材。魚類也可依季節變換，使用竹筴魚、白北魚、比目魚等，蔬菜則可搭配當季的醃漬蔬菜，風味依舊美味。

詳細作法請參閱 P.164

＊富山縣冰見市，位於日本富山縣西北部的城市。以其高品質的魚產而聞名。

## 蕨菜與竹筍的甘醋漬

這道醋漬料理使用蕨菜、竹筍等春季山菜製作。山菜與蔬菜經過半天的甘醋醃漬，能保存約1週至10天，是十分方便的小鉢料理。

詳細作法請參閱 P.164

＊龍皮昆布，是由專業的昆布加工職人手工製作的珍稀頂級昆布，使用北海道道南產的寬大且厚實的折昆布，經過蒸煮後，再以砂糖和酸味調料進行調味。它與白身魚的搭配絕佳，主要用於高級日本料理餐廳，常見於以昆布包裹的「鯖魚棒壽司」等料理。此外，龍皮昆布也有「求肥昆布」、「牛皮昆布」等不同標記名稱。

＊千枚漬是使用薄切的聖護院蕪菁加上昆布、唐辛子、味醂等所製作而成的漬物，與しば漬（紫葉漬、柴漬）、酸莖並稱做「京都三大漬物」。

# 清淡爽口的涼拌菜，深受饕客喜愛

運用各式蔬菜製作的涼拌菜，關鍵在於食材與醃漬醬汁的美味。其清爽淡雅的風味，非常適合作為小鉢或小碟料理。

## 豬牙花佐銀魚燙青菜

這道料理展現了早春的風味。豬牙花經過迅速地汆燙後，與魩仔魚、京都油豆皮、紅蘿蔔拌勻，製作而成的涼拌青菜。此外，也適合用來製作天婦羅、醋漬料理或涼拌菜，廣受喜愛。

詳細作法請參閱 P.165

16

## 松葉蟹佐鴨兒芹涼拌菜

將香氣濃郁的鴨兒芹根與松葉蟹結合，製作出風味濃厚且豪華的涼拌菜。搭配生薑醋食用，也能成為美味絕倫的醋漬料理。

詳細作法請參閱 P.165

## 西洋芹佐櫻花蝦與京都油豆皮涼拌菜

這道春意盎然的小鉢料理結合了西洋芹與櫻花蝦。為了讓口感更加鮮美，我們在清爽的涼拌菜中加入了帶有油脂的京都油豆皮，提升整體的風味。

詳細作法請參閱 P.165

# 溫和的燉煮料理，讓餐食與美酒更添樂趣

帶有微甜風味、溫潤細膩的燉煮小鉢與小碟料理，深受許多饕客喜愛。不僅限於魚貝類，若與肉類或蔬菜搭配，更能拓展料理的變化與層次。

## 燉煮飯蛸佐梅醋凍

將飯蛸燉煮至柔軟，保留食材本身的細膩口感。擠上檸檬汁，使其風味清爽，成為適合搭配美酒的小鉢料理。最後淋上梅醋凍，提升整體的風味與口感。

詳細作法請參閱 P.166

## 筍拌甘草佐炸地瓜的燉煮料理

口感溫和、不帶苦澀的甘草，與筍的搭配相得益彰，呈現出春天氣息的料理。再加入炸地瓜一同燉煮，使味道更加醇厚，層次更豐富。

詳細作法請參閱 P.166

18

## 風呂吹＊蕪菁

將挖空的蕪菁以昆布高湯汆燙，鋪上玉味噌，並立體擺放上蝦、油菜花與鴻喜菇，營造華麗的宴席感。關鍵在於蕪菁不宜煮得過久，以避免煮爛影響口感。

＊風呂吹，是指將蔬菜切成大塊，用燉煮方式軟化食材後，再淋上味噌的料理。

詳細作法請參閱 P.166

## 鯛魚卵與嫩青豆玉子燴

將鯛魚卵以生薑燉煮，搭配豌豆、刨絲的牛蒡等食材，並以其高湯製作玉子燴。最後放上細切生薑，並撒上山椒粉增添風味層次。

詳細作法請參閱 P.167

## 鯛魚卵煮凍佐胡麻醬

煮凍料理往往色澤樸素，因此特別在底部鋪上胡麻醬，放上鯛魚卵的煮凍，再擺上油菜花、蠶豆與紫蘇花穗等點綴，使整道料理更加華麗精緻。

詳細作法請參閱 P.167

# 海鮮、蔬菜、肉類……當令食材燒烤最美味

醃烤、鹽烤、淋醬烤……燒烤的方式各式各樣。食材方面，從海鮮、蔬菜到肉類應有盡有，充分運用當令食材，呈現最佳風味。

## 炭烤海鼠

詳細作法請參閱 P.167

這道料理的靈感來自伊勢漁民的傳統吃法，他們將海參整隻投入篝火中炭烤，直至外皮焦黑後食用。透過這種手法，海參口感變得柔軟細膩，是一道極適合搭配美酒的下酒菜。

## 蠶豆、鮑魚、竹筍佐藍紋起司燒

詳細作法請參閱 P.168

這道燒烤料理與紅酒相當搭配。在店內會搭配一口大小的吐司上菜，讓客人蘸取鮑魚與藍紋起司醬，享用濃郁且豐富的美味。

## 山椒油烤小香魚

以添加實山椒的芝麻油燒烤小香魚，帶出獨特的芳香。傳統上搭配帶有苦味的「蓼醋*」，但為了提升口感的清爽度，改以羅勒醬提供，使其更易入口且風味更佳。

*蓼醋，將蓼菜用研缽搗碎，加入等量的梅醋製作而成的沾醬，酸甜的滋味與微苦的香魚搭配相當美味。

詳細作法請參閱 P.168

# 酥脆鮮美的炸物料理，讓美酒更順口

優質的食材是炸物料理的關鍵。裹上麵糊油炸後的香氣與口感，能讓人不自覺地多喝幾杯。作為小鉢或小碟料理，也深受喜愛。

## 炸蕨菜山藥泥

這道料理的特色在於炸山藥泥的鬆軟口感。預先處理過的蕨菜，可放入密閉容器，每天更換乾淨的水保存，即可延長保存期限約一週。

**詳細作法請參閱 P.168**

## 炸海老芋佐海膽內餡與蝦末醬汁

將海老芋先以「荷蘭煮*」方式燉煮，使其更加入味，再油炸後淋上特製醬汁，融合外酥內嫩的口感、濃郁的風味以及豐富的內餡，帶來令人驚艷的美味體驗。

**詳細作法請參閱 P.169**

＊荷蘭煮是日本料理中常見的西洋料理法，作法是以鰹魚昆布湯、醬油、味醂去煮炸過之後的蔬菜。

## 春季紅蘿蔔與嫩青豆什錦天婦羅佐蝦鹽

這道料理透過兩種不同的什錦天婦羅，展現風味與色彩上的對比，讓人同時享受不同的口感與視覺美感。搭配香氣十足的蝦鹽食用，更能提升整體美味。

詳細作法請參閱 P.169

## 紫蘇百合根 三味天婦羅

將三片紫蘇葉包覆百合根，分別搭配海膽、山茼蒿與烏魚子，以及鴨兒芹與櫻花蝦，製作出三種不同風味的天婦羅，呈現出奢華且層次豐富的美味饗宴。

詳細作法請參閱 P.169

# 將肉類料理融入日本料理的獨特風味

近年來，日本料理中的肉類選擇越來越多，不僅限於雞肉與鴨肉，牛肉與豬肉等料理方式也日益多樣化。透過日本料理獨特的烹調技法，打造出與其他料理風格不同的獨特美味。

## 牛肉與葉牛蒡金平＊

葉牛蒡是早春時節的蔬菜，主要栽培於大阪八尾市一帶，葉、莖、根皆可食用。它擁有牛蒡特有的香氣，口感較為鬆軟，是極具風味的食材。

詳細作法請參閱 P.170

＊金平在日本是常見的家常菜，是將根莖類蔬菜切成細絲後，以醬油、砂糖、酒拌炒的小菜，可以配飯也能配酒。其中最普遍的是金平牛蒡。

## 春高麗菜與三元豚里肌＊佐韓式味噌醬

這道小鉢料理採用以豬腳與雞骨熬製的濃郁高湯，輕涮三元豬肉，呈現類似涮涮鍋的風味。搭配韓式辣味噌醬享用，更能引出肉的鮮甜，是一道讓人忍不住想多喝幾杯的美味料理。

詳細作法請參閱 P.170

＊「三元豚」擁有幻之豬肉的稱號，是以三種豬隻混種而成，豬隻的運動量高，其緊實及保水度高的大里肌部位，口感較一般豬肉更加美味。

## 炭烤牛里肌壽喜燒

首先將牛肉以炭火燒烤，帶出類似煙燻的香氣，打造出獨特風味的壽喜燒風味小鉢料理。春季可搭配山菜，秋季則可改為菇類，展現不同季節的風味變化。

詳細作法請參閱 P.170

## 水茄子與牛里肌蘿蔔泥燉煮

為了保留牛里肌的鮮嫩風味，採用類似涮涮鍋的方式輕燉，使肉質保持最佳口感。一般茄子燉煮後容易變得軟爛，但水茄子則能保有適度的嚼勁，為料理增添層次感。

詳細作法請參閱 P.171

# 以高湯為主角的椀物料理\*，是濃郁順口具魅力的小鉢料理

### 綠蘆筍擂流湯\*

這是一道將蔬菜或海鮮磨碎後，以高湯調和而成的椀物料理。能完整品味春季蘆筍的鮮甜滋味，作為當令前菜也深受喜愛。

\*椀物，在日式料理中指以碗為容器、盛裝的湯類或帶湯汁的菜餚。
\*擂流，將食材磨碎後與高湯融合的湯品。

高湯的美味是日本料理的基礎，而能夠直接品味高湯風味的湯品、椀物及擂流、不僅適合作為餐點，在品酒時亦廣受喜愛。

詳細作法請參閱 P.171

27

## 鮑魚柔煮佐海藻山藥泥與八方醋

八方醋以高湯調和，使酸味更加溫和，搭配海藻黏滑的口感與燉煮至柔嫩的鮑魚，是一道深受喜愛的下酒菜。頂飾點綴上梅肉，帶來適度的酸味平衡整體風味。

詳細作法請參閱 P.171

## 翡翠茄子與山藥素麵

將山藥切絲，呈現爽脆的口感，搭配油炸後上色的茄子，風味絕佳。最後放上溫泉蛋，攪拌後享用。

詳細作法請參閱 P.172

28

## 松葉蟹生菜捲佐蟹高湯燉煮

將松葉蟹以生菜包捲，搭配濃郁的蟹高湯享用，讓蟹的鮮美風味展現得淋漓盡致，是一道奢華的捲物料理。頂飾點綴的蟹膏更增添風味。

詳細作法請參閱 P.172

## 蛤蜊與山葵花澤煮湯*

蛤蜊的鮮美與山葵花的辛香，在高湯中交織出絕妙的風味平衡。作為桃花節的椀物也非常合適，若再加入海膽，更添奢華享受。

*澤煮，清淡的湯煮菜餚，把蔬菜和豬肉切成絲，放入適量的鹽和醬油煮成清淡的菜湯。

詳細作法請參閱 P.172

# 三種小吸物（清湯）

這些湯品通常會在料理的尾聲或最後一道菜時端上桌。「鯨魚涮涮湯」使用鯨魚的舌頭與培根入湯。「海鰻洋蔥湯」是以炙燒過的海鰻與洋蔥熬製的高湯製成。「蜆湯」則是用昆布高湯、清酒與蜆慢火熬煮而成。

## 鯨魚涮涮湯

詳細作法請參閱 P.173

## 海鰻洋蔥湯

詳細作法請參閱 P.173

## 蜆湯

詳細作法請參閱 P.173

## 在和風料理中增添變化與樂趣

現代食客的味覺趨於多元化，日本料理不僅限於傳統調味，融合西式、中式、韓式等不同風味，能帶來更豐富的味覺體驗，成為令人驚豔的創新料理。

### 炸根莖蔬菜與鰤魚佐塔塔醬

將切片的根莖類蔬菜炸至酥脆，上面鋪上鰤魚塔塔醬，再撒上鮭魚卵、磨碎的米莫萊特起司與烏魚子。可用手拿取享用，呈現類似法式開胃小點心（Canapé）的風格。

詳細作法請參閱 P.174

## 生青海苔佐白身魚拌義大利香醋

使用香氣以及色澤鮮明的日本產生青海苔，搭配加熱過的義大利香醋，並以高湯調和，使其成為可飲用的醋味料理。

詳細作法請參閱 P.174

## 炙烤竹筍佐螢烏賊拌羅勒味噌

以羅勒取代傳統山椒葉味噌中的山椒葉，創造出帶有變化的風味。除了作為涼拌菜，也非常適合用於製作田樂燒\*料理。

詳細作法請參閱 P.174

\*田樂，日本傳統特色料理，指在食材上塗抹味噌燒烤的食物。

33

## 以人氣調理法「油封」打造全新風味

「油封（Confit）」是一種法式烹調技法，透過低溫油慢煮，使食材保持風味與多汁口感，同時提高保存性，帶來獨特的美味體驗。

### 油封干貝佐山菜檸檬醋

採用法式「油封」技法，將食材浸泡於油中，低溫慢煮，使干貝保留鮮嫩口感，同時延長保存期限。

詳細作法請參閱 P.175

油封料理的多樣變化，主食材建議切成約 2 cm 厚，以利均勻受熱。可搭配岩鹽等喜好的鹽或蛋黃醋、各式醬汁或調味料享用。使用的油可選擇沙拉油或橄欖油，依個人口味調整。

鯨魚鹿之子肉
（鯨魚下顎到臉頰部位的肉）
佐大蒜柚子胡椒油封

章魚與山椒油封

牡蠣佐生海帶芽
與生海苔油封

鯛魚真子（魚卵）與白子
佐生薑油封

## 善用可預先準備的料理

佃煮、山椒煮、金平等當座煮*或醬油醃製料理可事先準備，作為小菜供應十分便利，也能應對臨時來訪的酒客。

*當座煮，指的是雖然不像佃煮那樣能長期保存，但短時間內（當座：暫時、目前）仍可存放的燉煮料理。通常會使用醬油等調味料，使味道濃郁且快速燉煮。

### 山菊與蛤蜊佃煮

春天至五月左右的山菊特徵是口感十足，香氣濃郁。這道佃煮湯汁較多，但冷藏可保存約兩週。

詳細作法請參閱 P.175

## 新生薑與山椒粒煮

作為常備菜準備，當有急客來訪時可迅速作為對應的先付（開胃小菜）提供。新生薑與實山椒的搭配絕佳，是非常適合下酒的一道小菜。

詳細作法請參閱 P.175

## 醬油漬蘿蔔乾

在寒風中風乾的蘿蔔乾風味絕佳，爽脆的口感令人讚不絕口。由於使用醬油醃製，還能延長保存期限，也是其特色之一。

詳細作法請參閱 P.176

## 將自家製珍味搭配成小鉢提供

珍味特別受到酒客的喜愛。不需要大量供應，而是以少量多樣的方式呈現各種珍味，這樣能讓人不會覺得單調，並且能持續品味，成為口碑極佳的經典菜餚。

### 鯛魚白子　珍味三品

鯛魚白子具有奶油般的柔嫩口感，是一道極具魅力的食材。從春天開始，它取代了河豚的白子來使用。除了搭配柚子醋外，也可以浸泡酒盜漬，或是用來做燒烤等多樣化料理。

詳細作法請參閱 P.176

鯛魚白子酒盜漬

鯛魚昆布佐白子拌柚子醋

鯛魚白子酒粕燒

## 夏季蔬菜的色彩鮮豔小缽

利用夏季蔬菜明亮、清新的形象作為前菜或開胃菜，能讓用餐或聚會的氛圍更加愉快。各種不同的烹飪方式能創造出豐富的味道。

### 涼拌時蔬番茄湯

將過篩後口感滑順的番茄和當令蔬菜一起享用，有如濃湯般呈現出滑順的口感。清爽的美味，使其成為夏季備受喜愛的一道料理。

詳細作法請參閱 P.176

40

## 夏季蔬菜的炸煮

茄子、南瓜、秋葵、蓮藕、山藥、櫛瓜、甜椒等夏季蔬菜，先將其炸過再燉煮，能釋放出濃郁的風味，讓菜餚更添美味。

詳細作法請參閱 P.177

## 水晶冬瓜 干貝柱生薑醬汁

這是夏季的經典菜餚之一。僅用乾貝柱的高湯來燉煮也非常美味，在加入櫻花蝦餡料後，鮮美的味道會更加提升。

詳細作法請參閱 P.177

## 苦瓜與珍珠蛤貝的酒粕涼拌菜

大吟釀酒粕本身擁有溫和的甘味，與貝類的搭配非常合適。將帶有苦味的夏季蔬菜苦瓜加入其中，增加了層次感，豐富了味道。

詳細作法請參閱 P.177

## 新鮮馬鈴薯棣棠花炸

將馬鈴薯用梔子花的果實煮至熟透，使馬鈴薯呈現美麗的黃色。然後將其清炸，再加入剁碎的蝦肉餡，製作成一款豪華的小鉢料理。

詳細作法請參閱 P.178

# 誘發食慾的角色小鉢料理

小鉢料理具備的角色之一就是誘發食慾。特別是在夏天的小鉢料理，無論是在食材的運用、清爽感還是能刺激食慾的調味……等等都必需具備一些巧思。

## 鰻魚醋黃瓜

一般來說，鰻魚的蒲燒會切成細條或段狀，但在這裡，我們將剛烤好的鰻魚切成大塊，製作成「鰻魚醋黃瓜*」，讓它更具口感。

*鰻魚醋黃瓜，關西地方料理之一。把蒲燒鰻魚切成小塊，加入小黃瓜切片以及和風醋涼拌而成的小菜。

詳細作法請參閱 P.178

## 南蠻風味咖哩章魚

將生章魚裹上具有促進食慾效果的咖哩粉並油炸。搭配番茄一起擺盤，製作成適合夏季的小鉢料理。

詳細作法請參閱 P.178

## 涮牛肉沙拉

將冷涮牛肉製作成現代風格的沙拉小鉢。將涮牛肉和蔬菜混合放入玻璃杯中，上面再擺放更多蔬菜，演繹出不會讓人感到過於厚重的效果。

詳細作法請參閱 P.179

## 海鰻魚皮黃瓜和生魚片海蜇拌

將夏季的人氣料理「海鰻魚皮拌黃瓜」與富有爽脆感的生海蜇皮混合，創造出不同風味的美味。

詳細作法請參閱 P.179

## 汆燙海鰻魚佐梅肉果凍

「汆燙海鰻魚」通常搭配梅肉食用，但將梅肉做成果凍狀，更能與食材融合。將具有冬瓜脆感的「冬瓜絲」上擺放海鰻魚，提升口感。

詳細作法請參閱 P.179

# 魅力的小鉢組合

❖ 花見*

「汆燙海鰻魚」通常搭配梅肉食用，但將梅肉做成果凍狀，更能與食材融合。在具有冬瓜脆感的「冬瓜絲」上擺放海鰻魚，提升口感。

*花見，又稱賞花，是一種日本的傳統習俗，有上千年歷史，至今仍非常流行。日本傳統賞花文化，是指二月至三月的梅花、三月至四月的櫻花，以及四月到五月的桃花，但各地盛開時間並不相同。現今多指觀賞櫻花，並在盛開的櫻花樹下鋪設宴席飲酒慶祝。

【獻立*】

- 櫻花道明寺的芝麻豆腐、蝦、櫻花、白玉
- 新洋蔥和海鰻魚的多彩南蠻漬
- 涼拌片栗花佐銀魚
- 鯛魚卵煮物、葉牛蒡、蠶豆
- 蝦夷蔥佐海螺拌豆瓣醬味噌

*獻立，主要的意思是「菜單」、「食譜」、「方案」。較常出現在飯店或高級餐廳，菜單上會羅列出料理名稱，並依照順序上菜。類似喜宴時桌上擺放的菜單。

46

# 夜櫻

為了營造夜櫻的氛圍，使用了黑色的托盤。鋪上葉蘭，並組合了色彩繽紛的小鉢料理，像花朵盛開一樣，讓酒客的眼睛也能享受其中的美麗。

【献立】

- 醬油漬蘿蔔乾
- 佃煮*花蛤佐山菊
- 鯛魚白子酒盜漬*
- 鯛魚卵凍淋胡麻醬佐青花菜、紫蘇花穗
- 綠蘆筍日式濃湯

*佃煮，一種將食材和醬油、砂糖及適量的水一同入鍋，以文火慢熬至水分收乾黏稠的日式料理方式。

*酒盜，是一種用鹽或醬料醃漬海鮮的醃漬物，由於非常下酒、令人一杯接一杯，有如「偷酒的美味」，因此而得名。

## 春慶*

為了讓您感受到春天的喜慶與愉悅，特地選用了飛驒春慶的漆器盛放。營造出露天茶會的氛圍，並在料理中加上一枝櫻花，為您呈現。

*春慶，飛驒春慶是從17世紀起開始製作的傳統漆器。所謂「春慶」是塗漆的一種技法，特點在於使用透明的漆反復塗抹，充分展現木材紋理原始自然的美。

【献立】

◆ 蘆筍明蝦拌蛋黃醋

◆ 山菊炒蛋燴竹筍
鯛魚白子酒粕燒
香菇燴、蠶豆、
新生薑煮山椒、
山椒花芥末漬、
海老鹽水煮
水茄子與牛里肌蘿蔔泥燉煮

48

# ❖ 朝顔

希望讓您在夏天品味清爽的組合小鉢料理，因此我們選擇了將冰塊鋪在食器中，並使用了牽牛花棚架。料理多以清爽、適合夏天的味道為主。

【献立】
- 醬五彩番茄檸檬醋漬
- 毛蟹冷盤蟹膏醬佐毛豆
- 菜豆佐獨活芝麻拌
- 柔煮章魚、小芋頭、南瓜餅佐輪切秋葵
- 比目魚昆布漬拌汐吹昆布，紫蘇、茗荷、蝦夷蔥佐柚子醋

# ❖ 網目圓盤

這是一道作為初夏前菜，受歡迎的組合小鉢料理，。在器皿中鋪上山葵葉，並搭配清爽的料理，如烏賊素麵、章魚拌香母醋，還有使用牛肉的小鉢，讓整道料理更具有些微的分量感。

【献立】

◆ 網烤牛臀肉淋山椒醬佐洋蔥切片，玉米，花椰菜

◆ 章魚拌香母醋山藥，佐冬瓜絲，小蘿蔔絲

◆ 烏賊與秋葵拌生薑醬油

## 螢籠炭斗*

這道小鉢料理採用加入炸物的點心風格擺盤，並使用螢籠炭斗。打開籠蓋的樂趣是這道料理的魅力所在。

*炭斗是指在茶道中的儀式裡，主人於客人面前往爐火內添炭時所使用的器具。可依照個人喜好用作煙草盆、點心器等用途。

【献立】

- 鬼怪果凍，佐芥末醋味噌醬
- 小香魚烤山椒油
- 玉米天婦羅
- 毛豆天婦羅
- 川海老唐揚
- 小芋頭烤海參
- 氽燙海鰻魚拌姬醋*

*一款以特產柚子為基底，搭配釀造醬油調製而成、香氣濃郁的柚子醋醬。

# 彩色小鉢組合

這道小鉢組合包含了12種各式各樣的美味料理，如刺身、醋物、拌物、煮物、炸物等。當蓋子打開時，豐盛的奢華感令人驚呼。

【献立】

- 網烤牛臀肉淋山椒醬
- 鬼怪果凍，佐芥末醋味噌醬
- 涮牛肉沙拉
- 五彩番茄檸檬醋漬
- 氽燙海鰻魚佐梅肉果凍
- 軟煮章魚，小芋頭，南瓜餅
- 毛蟹冷盤蟹膏醬
- 章魚拌香母醋
- 海鰻魚皮黃瓜和生魚片海蜇拌
- 菜豆佐獨活芝麻拌
- 水晶冬瓜 干貝柱生薑醬汁
- 比目魚昆布漬拌汐吹昆布

# 小鉢單品料理集

❖ 根據搭配方式，料理可以自由變化的

**本書的材料標註**

- ■「上身」是指去皮的魚身。
- ■「吸汁八方高湯」是按照高湯7：味醂1：淡口醬油0.7：少許鹽的比例調味而成的。
- ■1杯等於200ml，1大匙等於15ml，1小匙等於5ml。

## 煮物

### 栗子南瓜燉煮

【材料】
栗子南瓜　綜合高湯（高湯12　淡口醬油 1/2　味醂 1/2　鹽少許　砂糖少許）

【作法】
將栗子南瓜切成適當大小並修整邊緣，稍微煮熟後放入水中，然後用綜合高湯來燉煮。

### 軟煮章魚

【材料】
章魚 1 kg　煮汁（高湯 800㎖　酒 200㎖　濃口醬油 80㎖　溜醬油 20㎖　味醂 100㎖　砂糖 2 大匙　碳酸水 30㎖）

【作法】
章魚沖水洗淨，將章魚腳切開，進行霜降處理。將章魚放入綜合高湯中，蓋上落蓋再蓋上鍋蓋，使用小火煮約 50 分鐘。

### 紅蘿蔔、白蘿蔔的信田卷*

【材料】
油炸豆腐皮　紅蘿蔔　白蘿蔔　乾瓢　綜合高湯（高湯18　淡口醬油1　酒1　味醂 1/3）

【作法】
將油炸豆腐皮攤開，去油。將紅蘿蔔和白蘿蔔切成與薄炸豆皮相同長度的條狀並煮熟。將紅蘿蔔和白蘿蔔交替疊放在薄炸豆皮上，捲起來後用浸泡過的乾瓢綁緊。再用綜合高湯燉煮至入味。

＊油炸豆腐皮中包捲魚肉、蔬菜的一道料理。

煮物

## 紅燒合鴨胸

【材料】
合鴨胸肉 1 塊　綜合調味料（清酒 300㎖　番茄醬 70㎖　伍斯特醬油 20㎖　濃口醬油 50㎖　味醂 50㎖　砂糖 2 大匙）

【作法】
在合鴨肉的表皮上切出網狀刀紋，然後將表皮朝下放入鍋中煎至表面呈金黃色。在鍋中加入綜合調味料，煮沸後稍微收汁，約收乾至原來的 90%。將合鴨胸肉放入鍋中，蓋上一張紙（烘焙紙），燉煮 10～12 分鐘即可。

## 燉煮小芋頭

【材料】
小芋頭　綜合高湯（高湯 500㎖　鹽 1/2 小匙　酒 1 小匙　淡口醬油 1 小匙　味醂 1 小匙）

【作法】
將小芋頭去皮，放入洗米水中煮沸後撈起，過水洗淨去除黏液。再放入綜合高湯裡燉煮入味。

## 燉煮星鰻湯葉卷

【材料】
白燒星鰻（穴子）　引上湯葉（豆腐皮）　綜合高湯（高湯 400㎖　鹽 1/2 小匙　砂糖 1 大匙　味醂 20㎖　淡口醬油 1/4 小匙）

【作法】
將白燒星鰻切成 4cm 長的小段，並用切成相同長度的引上湯葉包捲星鰻。再放入綜合高湯裡燉煮入味。

## 小切茄子八方煮

【材料】
小切茄子　綜合高湯（高湯 500㎖　鹽 1/2 小匙　淡口醬油 1/2 小匙　味醂 1 小匙）

【作法】
將小切茄子切除蒂頭、縱向切半，並用明礬和鹽稍微研磨表皮。劃上幾刀刀花後將茄子煮熟、接著放入冷水中沖洗再放上濾網瀝乾。用綜合高湯稍微燉煮，再將茄子放回濾網中冷卻，最後浸泡在原汁中。

## 萬願寺辣椒炒小魚乾煮

【材料】
萬願寺辣椒　用醬油燉煮的小魚乾　調味料（酒 2　濃口醬油 1/2　味醂 1/2　麻油）

【作法】
將萬願寺辣椒切成 3cm 長的細條。在平底鍋中放少許沙拉油，加入萬願寺辣椒和用醬油燉煮的小魚乾拌炒，炒至軟化後，用酒、濃口醬油、味醂調味，最後加入少許麻油。

## 鰹魚時雨煮

【材料】
鰹魚　綜合高湯（高湯 4　酒 4　濃口醬油 1/2　溜醬油 1/4　味醂 1）　生薑

【作法】
將鰹魚上身切成容易食用的一口大小，並進行霜降處理。在綜合高湯中放入薄切的生薑、鰹魚，用中火煮至湯汁收乾。

煮物

## 明蝦黃味煮

【材料】
明蝦　葛根粉　蛋黃　綜合高湯（高湯 8　酒 2　淡口醬油 0.5　味醂 1　鹽少許　砂糖少許）

【作法】
取下明蝦頭部，剝殼並去除泥腸。撒上葛根粉裹上蛋黃，接著放入 80～85℃的熱水中，煮至蛋黃凝固後取出、放入濾網中。將綜合高湯煮沸後放入明蝦，再煮沸後立刻熄火。

## 香菇八方煮

【材料】
香菇　吸汁八方高湯

【作法】
除去香菇的根部，劃上裝飾的刀花，然後放入吸汁八方高湯中燉煮。

## 烤星鰻 竹筍 山菊的大原木煮

【材料】
星鰻　煮熟的竹筍　山菊　乾瓢　綜合高湯（高湯 12　酒 1　淡口醬油 1　味醂 1）

【作法】
將星鰻去除背鰭和黏液、進行簡單炙烤，再切成 4cm 長。竹筍煮熟後切成 4cm 長。山菊用鹽搓洗後煮熟、去纖維後切成 4cm 長。將烤鰻魚、竹筍和山菊疊在一起，用浸泡過的乾瓢繫緊，然後將它們放入綜合高湯中燉煮。

## 小丸飛龍頭*

【材料】
木綿豆腐 300g　魚漿 150g　山藥 50g　蛋白 1 顆分　蛋黃素少許　泡水還原的乾香菇 50g　紅蘿蔔 40g　吸汁八方高湯

【作法】
將木綿豆腐壓出水分，泡水還原的乾香菇和紅蘿蔔切成細絲。將木綿豆腐和魚漿放入研缽中混合，充分研磨後，加入山藥、蛋白和蛋黃素，攪拌均勻，再加入蔬菜攪拌。將混合物取出捏成丸形，放入 180℃ 的油鍋中炸至金黃，然後再放入吸汁八方高湯中燉煮。

＊飛龍頭其實是以豆腐為主食材，搭配多種蔬菜如山藥、紅蘿蔔、香菇、銀杏、蓮藕等製作而成的豆腐糰子，並且經過油炸，是一道充滿風味與營養的日本料理。

## 小倉蓮根田舍煮

【材料】
蓮根　紅豆　馬鈴薯澱粉　綜合高湯（高湯 15　濃口醬油 1　味醂 1　酒 1/2）

【作法】
將蓮根去皮後浸泡在醋水中，並用洗米水煮熟，然後放入水中浸泡。將紅豆泡水靜置一晚，然後加熱至軟化、瀝乾水分。將馬鈴薯澱粉均勻裹在紅豆上，並填入蓮根的孔洞，包上料理蒸布，再將其放入綜合高湯中慢慢煮熟。

## 穴子鳴門卷*

【材料】
星鰻　麵粉　鵪鶉蛋　綜合高湯（高湯 10　酒 2　濃口醬油 1　味醂 1　砂糖少許）

【作法】
將星鰻去除背鰭、用熱水汆燙魚皮，再放入冷水中去除黏液，然後擦乾水分。將麵粉撒在星鰻上，將煮熟的鵪鶉蛋放在中央，從手邊的位置向外開始包捲、並用竹葉綁住，再將捲好的星鰻放入綜合高湯中慢慢煮熟。

＊鳴門卷，日本常見的裝飾型食物，常出現在日本拉麵中。魚板的一種。因花紋成漩渦狀，令人聯想日本著名景觀鳴門漩渦，因此而得名。

58

## 煮物

### 炸茄子佐毛豆泥

【材料】
茄子　毛豆　鹽　砂糖　明蝦　綜合高湯（高湯10　濃口醬油1　味醂1　鷹爪椒少許）

【作法】
將茄子縱向切半並在表面劃上刀花，然後油炸至金黃，再用綜合高湯燉煮。毛豆用鹽水煮熟，取出豆莢並去除薄膜。將毛豆放入研缽中充分搗成泥，再用鹽和砂糖調味後放上茄子。明蝦去除泥腸，串上竹籤，並用鹽水煮熟後取出、放入冷水中冷卻，去殼後切細絲，並放在茄子上做為頂飾。

### 芋頭六方煮*

【材料】
芋頭　吸汁八方高湯

【作法】
將芋頭切成六角形，放入明礬水中浸泡並洗淨。用洗米水煮熟後，放入冷水中浸泡。再用吸汁八方高湯燉煮至入味。

*六方是利用刀工將食材切成六角形，目的是為了美觀及切面多容易入味較均勻。

### 蛤蜊時雨煮

【材料】
蛤蜊煮汁（蛤蜊的湯汁　酒　濃口醬油　味醂　砂糖）　生薑汁

【作法】
將蛤蜊放入水中吐沙，並用蓋滿的水煮熟。當蛤蜊開口時，熄火取出蛤蜊。將少量的煮汁加入酒、濃口醬油、味醂和砂糖，調製成煮汁，將蛤蜊放入煮汁中燉煮12至13分鐘，最後加入生薑汁繼續燉煮至入味。

## 明蝦毛豆真丈煮*

【材料】
明蝦1尾　魚漿30g　毛豆30g　昆布高湯20㎖　蛋白1/3顆份　山藥15g　吸汁八方高湯・綜合高湯（高湯400㎖　淡口醬油35㎖　味醂35㎖　酒10㎖）

【作法】
將魚漿放入研缽中，邊加昆布高湯邊搗成泥，加入蛋白與山藥泥作為粘合劑，並加入煮熟去薄膜的毛豆。明蝦進行霜降處理，將上身腹部劃開。上身沾上馬鈴薯澱粉後，夾在保鮮膜中拍打延展，放入熱水中煮熟後，再放入吸汁八方高湯中，做成明蝦餅皮。將毛豆真丈捲入明蝦餅皮中，用牙籤固定，並用綜合高湯煮熟。

＊真丈，用蝦、蟹、白身肉等（也有用雞肉、豬肉）磨成泥，加入山藥泥、蛋白、高湯等調合後，以蒸、煮或炸的料理方式作成的食物。

## 筑前煮*

【材料】
牛蒡　紅蘿蔔　雞腿肉　四季豆　綜合高湯（高湯5　酒1　濃口醬油1　味醂1　砂糖少許）　一味唐辛子或七味唐辛子

【作法】
將牛蒡切成小塊，浸泡在水中。紅蘿蔔去皮，切成與牛蒡相同大小的塊狀。將牛蒡和紅蘿蔔分別煮熟。雞肉切小塊，進行霜降處理。四季豆用鹽水燙煮，切成約3cm長。平底鍋中放入少量沙拉油，加入雞肉、牛蒡和紅蘿蔔拌炒，再加入綜合高湯淹過食材，轉中火燉煮，當湯汁開始收乾時，再加入四季豆，最後可以依據個人喜好撒上一味唐辛子或七味唐辛子。

＊筑前煮，九州北部地方鄉土料理。主要食材除了雞肉還有多種蔬菜，且多半是耐煮的根莖類，用醬油慢火熬煮、保留食材的鮮甜。

煮物

## 焦燒山藥八方煮

【材料】
山藥　吸汁八方高湯

【作法】
將山藥去皮，縱向切半，浸泡在明礬水中並清洗乾淨。用烤箱烘烤至表面微焦，切成適當的厚片，再用吸汁八方高湯煮熟。

## 一寸豆蜜煮

【材料】
蠶豆　糖水（水 200㎖　砂糖 120g　鹽少許）

【作法】
將蠶豆去皮，浸泡在鹽水中。再將蠶豆放入糖水中，煮至柔軟後取出，放入冰水中冷卻，待其降溫。

## 日本海峨螺甜煮

【材料】
日本海峨螺　綜合高湯（高湯 300㎖　酒 300㎖　濃口醬油 80㎖　味醂 80㎖）

【作法】
將日本海峨螺貝殼打開，取出貝柱。將貝柱放入綜合高湯中，用小火燉煮約 20 分鐘。

## 竹筍牛肉捲煮

【材料】
牛里肌肉　煮熟的竹筍　綜合高湯（高湯 200 ml　濃口醬油 100ml　酒 100ml　味醂 100ml　砂糖 1 大匙）

【作法】
準備煮熟的竹筍並切成細長狀。用牛肉將竹筍包捲，用竹繩綁好，再用綜合高湯煮熟。

## 賀茂茄子・炸煮

【材料】
賀茂茄子　綜合高湯（高湯 12　濃口醬油 1　味醂 1　鷹爪椒少許）

【作法】
將賀茂茄子的蒂頭去除，縱向切成四片，在表皮畫上刀花。油炸過後瀝乾油分，再用綜合高湯煮熟。

＊賀茂茄子，京都產的夏季蔬菜代表，外觀幾乎呈正圓形，肉質細膩、烹調過程中不易變形，味道和外觀都堪稱最高級。

## 櫻花紅蘿蔔香梅煮

【材料】
金時紅蘿蔔＊　吸汁八方高湯　梅肉

【作法】
將金時紅蘿蔔切成櫻花形狀後煮熟。將梅肉加入吸汁八方高湯中，再進行燉煮。

＊金時紅蘿蔔，日本的傳統品種之一，外觀呈鮮紅色、來自於一種名為茄紅素的營養成分。金時紅蘿蔔的肉質緊實，即使加熱也不容易變形，非常適合做煮物或蒸菜。此外，金時紅蘿蔔的特有味道較淡，也是其一大特色。主要在京都及關西地區栽培。由於其色彩美麗，常用於年節料理和正月的煮物等慶祝場合。

## 煮物

## 獨活白煮

【材料】
獨活　綜合高湯（高湯400㎖　酒50㎖　鹽1/2小匙　味醂1小匙）

【作法】
將獨活切成4cm長，去皮後浸泡在醋水中，水洗之後煮熟、再用綜合高湯燉煮。

## 土雞艷煮

【材料】
土雞　綜合高湯（高湯8　酒2　濃口醬油0.7　溜醬油0.3　味醂1　砂糖少許）　山椒粉

【作法】
土雞用平底鍋煎表皮至金黃、去除油脂。再放入綜合高湯中，用大火煮熟。煮好後撒上山椒粉，冷卻後切片。

## 炒嫩牛蒡與獨活煮

【材料】
嫩牛蒡　獨活　綜合調味料（酒1大匙　濃口醬油1大匙　味醂1大匙　砂糖1小匙）　七味唐辛子　芝麻油

【作法】
嫩牛蒡切成薄片並浸泡在水中，獨活去皮後切成段，並浸泡在醋水中。平底鍋加熱，倒入少許沙拉油，先炒嫩牛蒡。當嫩牛蒡稍微煮熟後，加入獨活一同翻炒，再加入綜合調味料，繼續熬煮至收汁。最後加入七味唐辛子和少許芝麻油調味。

## 牛里肌時雨煮

【材料】
牛里肌肉　土生薑　煮汁（酒 200㎖　濃口醬油 20㎖　味醂 20㎖　砂糖 1 大匙）

【作法】
將牛肉切成 4cm 塊狀，與切絲的生薑一起放入煮汁中，煮至湯汁收乾。

## 山藥蓮藕

【材料】
山藥　吸汁八方高湯

【作法】
將山藥去皮後切成 5mm 厚片，並做成蓮藕的形狀。用洗米水煮沸後浸泡，然後放入吸汁八方高湯中煮熟。

## 冬瓜翡翠煮

【材料】
冬瓜　綜合高湯（高湯 500㎖　鹽 1/2 小匙　淡口醬油 1/2 小匙　味醂 1 小匙）　昆布丁 5cm

【作法】
冬瓜去皮後，稍微用碳酸和鹽搓洗，再劃上刀花並將其煮熟。將冬瓜放入綜合高湯中熬煮，煮好後離火、加入昆布，放入冷水中讓其冷卻。

煮物

## 海鰻黃味煮

【材料】

海鰻　葛根粉　蛋黃　綜合高湯（高湯800㎖　味醂100㎖　酒50㎖　淡口醬油50㎖　鹽1/3小匙　砂糖1大匙）

【作法】

將海鰻去除魚骨，並切成2cm寬的段。撒上葛根粉裹上蛋黃，接著放入加鹽的80～85℃的熱水中，煮至蛋黃凝固後取出、放上濾網。將綜合高湯煮沸，放入海鰻，煮至沸騰後離火。

## 管牛蒡烤星鰻炊飯

【材料】

土牛蒡　星鰻切片　綜合高湯（高湯15　酒1　濃口醬油1　味醂1）

【作法】

將土牛蒡清洗乾淨並切成5cm長，用洗米水煮熟後，沖水去除多餘的澱粉，然後去掉中間的芯。將星鰻的背鰭和黏液去除後，稍微炙烤。將星鰻塞進牛蒡段中，再放入綜合高湯中慢火熬煮。

## 海老芋＊荷蘭煮

【材料】

海老芋　吸汁八方高湯

【作法】

將海老芋去皮後，浸泡在明礬水中，再沖水清洗，接著放入洗米水中煮熟。將其炸至金黃、瀝乾油份，再放入吸汁八方高湯中熬煮。

＊海老芋，是一種日本特有的高級芋類食材，因外型酷似蝦而得名。其外皮帶有細緻的紋路，呈褐色，內部質地細膩滑順，煮熟後帶有淡淡的甜味和濃郁的芋香。

## 秋茄子翡翠煮

【材料】
茄子　吸汁八方高湯

【作法】
茄子在表面劃上刀花，用鹽和明礬仔細搓揉，再用熱水汆燙後放入水中浸泡。最後放入吸汁八方高湯中煮熟。

## 燉煮鮑魚

【材料】
鮑魚　洋蔥　芹菜葉　鹽　胡椒　酒

【作法】
將鮑魚用鹽擦洗乾淨後從殼中取出。在壓力鍋中鋪上切成輪狀的洋蔥和芹菜葉，放上鮑魚肉、撒上鹽和胡椒，再覆蓋上一層洋蔥和芹菜葉，倒入酒、蓋上鍋蓋，加壓後煮約20分鐘。

## 栗子澀皮煮

【材料】
栗子　糖水（等量的水和砂糖）

【作法】
將栗子去掉外殼後煮熟。煮沸後加入碳酸，繼續煮一段時間，將水倒掉，這個過程重複3到4次以去除澀味，然後用蜜汁蒸煮約1小時。

## 煮物

### 松茸八方煮

【材料】
松茸　吸汁八方高湯

【作法】
將松茸去除根部，切成適合食用的大小，然後放入吸汁八方高湯中煮熟。

### 丸十*檸檬蜜煮

【材料】
地瓜　夾竹桃果實　糖水（水400ml　砂糖300g　檸檬皮少許）　檸檬汁2大匙

【作法】
將地瓜切成5mm厚片並修邊，用加入夾竹桃果實的熱水煮熟後浸泡於水中。將水、砂糖和檸檬皮混合後，再將地瓜放入糖水中蜜煮，煮熟冷卻後加入檸檬汁。

*地瓜在日本料理的獻立（菜單）上，經常被稱為「丸十」。「丸十」這個名稱來自薩摩（日語中的地瓜發音同薩摩）藩島津氏的家紋，該家紋的設計是圓形內有十字，因此這種蔬菜便以此命名。

### 利久麩*旨煮

【材料】
利久麩　綜合高湯（高湯12　濃口醬油1　味醂1）

【作法】
將利久麩切成5mm厚片，去除油份，再用綜合高湯煮至入味。

*利久麩，將木耳揉入生麵團中，並使用菜籽油酥炸而成。可用於燉煮料理或火鍋，能增添適度的濃郁風味，使高湯更加美味。亦可燒烤後沾醬油食用，同樣美味可口。

## 手綱蒟蒻土佐煮*

【材料】
蒟蒻　綜合高湯（高湯10　酒1　濃口醬油1　味醂1）　鰹魚粉

【作法】
將蒟蒻切成8mm厚片，做成韁繩形狀並煮熟。用綜合高湯以小火煮至湯汁幾乎收乾，將多餘的湯汁瀝乾後，撒上鰹魚粉。

＊手綱，原指人們用來駕馭馬匹的繩索。而將蒟蒻打結成手綱形狀，象徵如同勒緊手綱般收束自身，以嚴格的態度約束自己、培養決心。同時，由於手綱蒟蒻的結繩形狀，也被視為象徵「結緣」，寓意「良緣成就」，承載著美好的祝福。土佐煮，一種燉煮料理。以土佐特產的柴魚片與蔬菜等食材一起用醬油燉煮而成，具有獨特的風味。

## 紅葉麩*熬煮

【材料】
紅葉麩　吸汁八方高湯

【作法】
將紅葉麩切成1cm厚片，放入吸汁八方高湯中煮熟。

＊麩是日本傳統食材，主要以小麥粉為原料製成。而紅葉麩是一款切開後呈現楓葉形狀的麵麩。

## 毛豆醬油煮

【材料】
毛豆　綜合高湯（高湯4　濃口醬油1　味醂1/3　鷹爪椒少許）

【作法】
將毛豆清洗乾淨，並用鹽搓洗後再沖水。鍋中加入除了鷹爪椒以外的綜合高湯材料，將毛豆和鷹爪椒放入，煮至毛豆軟嫩為止。煮熟後離火，讓它自然冷卻。

煮物

## 獨活梅香煮

【材料】
獨活綜合高湯（高湯 500㎖　鹽 1/2 小匙　梅肉 1 小匙　淡口醬油 1/2 小匙　味醂 1 小匙　酒 1 小匙）

【作法】
將獨活切成 5cm 長，去皮後浸泡在醋水中，再用清水沖洗後煮熟。放入綜合高湯中熬煮。

## 燉煮蕪菁佐柚子味噌

【材料】
蕪菁　吸汁八方高湯　柚子味噌（玉味噌　柚子皮與柚子汁）

【作法】
蕪菁去皮，切成六邊形，並進行修面處理。將蕪菁用洗米水煮熟後用清水浸泡，再放入吸汁八方高湯中煮熟。將柚子味噌淋在蕪菁的煮物上。柚子味噌是將磨碎的柚子皮與柚子汁混入玉味噌中，並用研缽充分研磨而成。

## 甜煮豆螺螺

【材料】
豆螺螺　綜合高湯（高湯 400㎖　酒 100㎖　濃口醬油 50㎖　味醂 50㎖）

【作法】
將豆螺螺進行霜降處理，瀝乾水分。將綜合高湯煮沸後，加入豆螺螺、煮至再沸騰後離火。

## 松茸小芋頭

【材料】
小芋頭　吸汁八方高湯

【作法】
將小芋頭的蒂頭切除、清洗乾淨，並在表面雕花成松茸形狀。用洗米水煮熟後浸泡冷水，再放入吸汁八方高湯中煮熟。

## 別甲*椎茸

【材料】
乾香菇　綜合高湯（泡水還原的香菇水 200 ㎖　高湯 200 ㎖　濃口醬油 40 ㎖　味醂 40 ㎖　砂糖 2 大匙）

【作法】
將乾香菇泡水還原靜置一晚，去除根部。用綜合高湯將乾香菇煮至湯汁幾乎收乾。

*別甲，日語音同鱉甲，是指食材料理後的形狀相似龜甲、顏色帶有光澤。帶有健康長壽的寓意。

## 合鴨治部煮*

【材料】
合鴨胸肉　麵粉　綜合高湯（高湯 8　濃口醬油 1　酒 1　味醂 1）　山葵　磨碎的芝麻粒

【作法】
將合鴨肉處理乾淨，並在皮面劃上刀花，在平底鍋中略微煎烤、去除油份。將肉切片，裹上麵粉，迅速地放入沸騰的綜合高湯中。湯再次煮沸後，加入山葵和磨碎的芝麻粒後離火。

*治部煮，石川縣代表性的煮物料理。主要使用鴨肉、簾麩及當季蔬菜一起燉煮。鴨肉表面裹上小麥粉，使湯汁帶有濃稠的口感是其特色之一。

煮物

## 毛豆豆腐炸煮

【材料】
毛豆 100g　木綿豆腐 1/2 塊　魚漿 100g　山藥 20g　蛋黃素 1 大匙　綜合高湯（高湯 400㎖　淡口醬油 35㎖　味醂 35㎖　酒 10㎖）

【作法】
將毛豆用鹽搓洗後加鹽煮熟。木棉豆腐瀝乾水分後，與魚漿、山藥泥、蛋黃素混合攪拌均勻。加入毛豆拌勻後，取出捏成丸形，放入油鍋炸熟，瀝乾油份。最後放入綜合高湯中燉煮。

## 萬願寺唐辛子煮明蝦泥餡

【材料】
紅、綠色萬願寺辣椒　明蝦　蛋黃素　綜合高湯（高湯 480㎖　濃口醬油 20㎖　淡口醬油 20㎖　味醂 40㎖）

【作法】
明蝦去頭、殼及尾巴後切末，放入研缽中搗成泥，再加入蛋黃素混合均勻，裝入擠花袋。萬願寺唐辛子去蒂去籽，內側撒上少許麵粉，然後將蝦漿填入其中。炸至金黃後、瀝乾油份，最後放入綜合高湯中燉煮。

## 栗八方煮

【材料】
栗　梔子花果實　吸汁八方高湯

【作法】
栗子去皮後，放入加入梔子花果實的熱水中煮沸，然後浸泡於冷水中。接著再放入吸汁八方高湯中燉煮入味。

## 艾草麩荷蘭煮

【材料】
艾草麩　綜合高湯（高湯10　濃口醬油1　味醂1）

【作法】
艾草麩切成方塊後放入油鍋炸熟、瀝乾油份。最後放入綜合高湯中燉煮。

## 菊花蕪菁燉煮

【材料】
蕪菁　吸汁八方高湯

【作法】
將蕪菁雕花成菊花形狀，放入洗米水中汆燙後浸泡冷水。最後放入吸汁八方高湯中燉煮入味。

> 煮物

## 白蘆筍濃湯煮

【材料】
白蘆筍　綜合高湯（雞骨高湯 400㎖　鹽 1/3 小匙　白胡椒少許　酒 1 大匙）

【作法】
將白蘆筍的根部切除，去除末端的外皮後汆燙、再放入綜合高湯中慢煮入味。

## 木葉南瓜

【材料】
栗子南瓜　綜合高湯（高湯 10　濃口醬油 1/2　淡口醬油 1/2　味醂 1）

【作法】
將栗子南瓜切成木葉形狀，稍微汆燙至半熟後起鍋、瀝乾水分。再放入綜合高湯中熬煮至入味。

## 海鰻魚卵佐小芋頭拌鴨兒芹炒蛋

【材料】
海鰻魚卵　小芋頭　鴨兒芹　綜合高湯（高湯 12　酒 1　味醂 1　淡口醬油 1/2　鹽少許）雞蛋　山椒粉

【作法】
將海鰻魚卵洗淨，進行霜降去腥處理。小芋頭去皮後放入洗米水中燙煮，撈出浸泡水中。鴨兒芹的莖與葉切成 2 cm 長。將海鰻魚卵與小芋頭放入綜合高湯中以中火稍微燉煮，然後倒入打散的雞蛋液，撒上鴨兒芹後離火。最後可依個人喜好撒上山椒粉增添風味。

## 竹筍土佐煮

【材料】
竹筍　柴魚粉　綜合高湯（高湯 10　濃口醬油 1　味醂 1）

【作法】
將竹筍的頂端斜切去除，縱向劃開一道切口。與米糠、鷹爪椒一起放入鍋中，放上落蓋燙煮。煮至柔軟後離火放涼，浸泡於水中並洗淨。將燙煮好的竹筍切成適當大小，放入綜合高湯燉煮入味。最後瀝乾湯汁，撒上柴魚粉即可。

## 冬瓜鰻魚博多煮*

【材料】
冬瓜　冬瓜專用綜合高湯（高湯 400㎖　鹽 2/3 小匙　淡口醬油 1/2　酒 1 小匙）　烤白燒鰻魚　白燒鰻魚專用醬汁（高湯 10　酒 1　濃口醬油 1　味醂 1　砂糖少許）

【作法】
冬瓜切成 5 cm 長後，撒上碳酸與鹽搓揉。接著切成 7mm 厚片燙煮，再放入冬瓜專用綜合高湯中燉煮並放涼備用。鰻魚切成與冬瓜相同的大小，放入鰻魚專用醬汁中燉煮入味。最後將冬瓜與鰻魚交錯層疊擺盤即完成。

*博多煮，將雞肉與芋頭、牛蒡、蓮藕、紅蘿蔔等食材以醬油燉煮而成，這道料理是博多地方代表性的家常菜。

煮物

## 迷你番茄煮

【材料】
迷你番茄　綜合高湯（高湯 500㎖　鹽 1/2 小匙　淡口醬油 1/2　酒 1 小匙）

【作法】
將迷你番茄去除蒂頭，在表皮劃上刀花後，迅速地放入熱水汆燙後去皮。然後再放入綜合高湯中燉煮入味。

## 花百合根八方煮

【材料】
百合根　吸汁八方高湯

【作法】
百合根洗淨後，浸泡於明礬水中，再以清水浸泡。接著用洗米水迅速地汆燙後撈起浸泡冷水，最後再放入吸汁八方高湯中燉煮入味。

## 鰻魚印籠煮*

【材料】
活鰻魚　綜合高湯（高湯 600㎖　濃口醬油 60㎖　味醂 60㎖　酒 50㎖　砂糖 1 大匙）

【作法】
將活鰻魚直接切成 5cm 段，去除內臟後洗淨、靜置一晚。接著用金串串好，放在直火上燒烤，然後再放入綜合高湯中燉煮入味。冷卻後，去除中骨即可。

＊印籠煮，是一種將食材雕刻或填充，使其外觀類似於武士腰間所佩戴的印籠（裝印章的盒子）的煮物料理。

## 新牛蒡煮雞肉餡

【材料】
新牛蒡　雞絞肉　山藥　濃口醬油　砂糖　生薑汁　綜合高湯（高湯 10　濃口醬油 1　味醂 1）

【作法】
將新牛蒡切成 5cm 長，放入洗米水中燙煮，然後去除中心部位（挖空）。雞絞肉放入研缽中搗成泥，加入山藥泥作為黏合劑，並用濃口醬油、砂糖、生薑汁調味。將調好的雞絞肉填入牛蒡中，然後以大火蒸約 5 分鐘。放涼後，放入綜合高湯中燉煮入味即可。

## 鰻魚明蝦信田卷

【材料】
木綿豆腐 1/4 塊　山藥 20g　蛋白 1/2 顆　白燒鰻魚 1/2 條　明蝦 2 尾　油炸豆腐皮 1 片　乾瓢少許　綜合高湯（高湯 600㎖　淡口醬油 50㎖　味醂 50㎖　砂糖 1 大匙）

【作法】
木綿豆腐稍微瀝乾水分後過篩，放入研缽中，加入山藥泥與蛋白攪拌均勻。油炸豆腐皮先過熱水去油，攤開後鋪上豆腐泥，然後再放上白燒鰻魚與燙熟的明蝦肉。將油炸豆腐皮包捲，用乾瓢綁緊，然後再放入綜合高湯中燉煮入味。

煮物

## 燉煮抱卵香魚

【材料】
抱卵香魚　綜合高湯（高湯 10　酒 5　濃口醬油 1　味醂 1　砂糖少許　醋少許）

【作法】
將抱卵香魚烤至表面微焦，放涼備用。放入綜合高湯中，以小火燉煮約 6 小時使其入味。

## 明蝦芝煮*

【材料】
明蝦　綜合高湯（高湯 6　酒 2　淡口醬油 1　味醂 1）　生薑

【作法】
去除車明蝦的腸泥，燙過熱水後洗淨。綜合高湯煮滾，加入明蝦與切成薄片的生薑，燉煮 4～5 分鐘。起鍋放涼，然後浸泡在煮汁中，使其更加入味。

＊芝煮，將白身魚或蝦用高湯、酒、淡口醬油、味醂等熬煮，風味淡雅的料理。

## 辛煮沙丁魚

【材料】
沙丁魚　綜合高湯（酒 5　醋 1　濃口醬油 1/3　味醂 1/2）　鰹魚粉

【作法】
將沙丁魚去頭、內臟，洗淨後烤至表面微焦。將烤好的沙丁魚放入綜合高湯中，燉煮至湯汁幾乎收乾。最後撒上鰹魚粉讓味道更濃郁。

## 飯蛸櫻煮*

【材料】
飯蛸（小章魚） 綜合高湯（高湯 300㎖ 濃口醬油 45㎖ 溜醬油 10㎖ 酒 80㎖ 味醂 40㎖ 砂糖 2 小匙）

【作法】
將飯蛸洗淨，分離頭部與觸手，然後分別汆燙去除雜質。將綜合高湯煮沸，先放入頭部燉煮，當幾乎熟透時，再加入觸手燉煮 2～3 分鐘後離火。

＊櫻煮，是在煮汁內放入例如茶葉，紅豆等材料，煮至猶如櫻花般的顏色而得名。

## 高野豆腐信田卷

【材料】
油炸豆腐皮 高野豆腐 乾瓢 八方高湯（高湯 1000㎖ 淡口醬油 30㎖ 酒 100㎖ 味醂 40㎖ 砂糖 40g 鹽 1 小匙）

【作法】
油炸豆腐皮薄炸豆皮沿邊切開，展開後以熱水去除油份。高野豆腐以溫水泡發後，切成兩等份，放在油炸豆腐皮上包捲、然後用泡水還原的乾瓢綁好。放入調好的八方高湯中，以小火燉煮至入味。

## 青煮*山菊

【材料】
山菊 鴨兒芹的莖 吸汁八方高湯

【作法】
山菊切成適合入鍋的大小，表面撒鹽搓揉、靜置 10 分鐘，使其更易去纖維。先汆燙較粗的一端，然後迅速地放入冷水降溫，剝去纖維。粗的山菊可以縱向剖半，將所有山菊切成 5cm 長，然後用鴨兒芹莖綁成一束。放入吸汁八方高湯中，略微燉煮至入味。

＊青煮，用燉煮或紅燒方式烹調的菜餚，依其顏色而得名。

78

煮物

## 南禪寺豆腐

【材料】
乾香菇 40g　煮熟的竹筍 30g　紅蘿蔔 30g　木耳 40g　蓮根 40g　木綿豆腐 300g　山藥 30g　蛋白 1 顆份　鹽　淡口醬油　麵粉　吸汁八方高湯

【作法】
將泡水還原的乾香菇、竹筍、紅蘿蔔、木耳切成絲，蓮藕切細。快速地炒熟這些蔬菜。將木綿豆腐擠去多餘水分後過篩，再加入磨成泥的山藥與蛋白混合，並用鹽和淡口醬油調味。將炒過的蔬菜與豆腐混合成團、捏成丸形後裹上麵粉，用 170℃ 的油炸至金黃酥脆，然後放入吸汁八方高湯中燉煮。

## 山藥球、南瓜球、紅蘿蔔球

【材料】
山藥　栗子南瓜　金時紅蘿蔔　綜合高湯（高湯 12　味醂 1　淡口醬油 0.5　鹽少許）　吸汁八方高湯　梅肉

【作法】
山藥去皮，剝成圓形後，浸泡在明礬水中，再用洗米水汆燙後放入冷水中浸泡，最後放入吸汁八方高湯中燉煮。栗子南瓜去皮剝成圓形後煮熟，再用綜合高湯燉煮。金時胡蘿蔔去皮剝成圓形後煮熟，放入吸汁八方高湯中，加入少許梅肉燉煮至入味。

## 鰻魚有馬煮

【材料】
鰻魚上身　綜合高湯（酒 6　水 6　濃口醬油 1　味醂 1　砂糖少許）　有馬山椒（有馬溫泉周邊產的山椒）

【作法】
鰻魚先白燒，再切成段。將有馬山椒加入綜合高湯中，再將鰻魚放入高湯中燉煮。

## 燉煮茼蒿與鴻喜菇

【材料】
茼蒿　鴻喜菇　毛豆　綜合高湯（高湯 120㎖　淡口醬油 30㎖　味醂 10㎖）

【作法】
茼蒿煮熟後切成適當長度。鴻喜菇去除根部後撕成小塊。毛豆用鹽水煮熟，去殼並剝去薄膜。把綜合高湯煮沸後，加入茼蒿、鴻喜菇和毛豆，稍微燉煮後隔水放入冰水冷卻。

## 和風烤牛肉

【材料】
牛肉沙朗部位 200g　醃料（高湯 200㎖　濃口醬油 50㎖　味醂 50㎖）　芥末　胡椒

【作法】
把牛肉放入袋中，加入醃料並去除真空。把袋子放入 58℃的水中，蓋上落蓋燉煮約 10 分鐘。配上芥末和胡椒一起享用。

## 煮物

### 獨活荷蘭煮

【材料】
獨活綜合高湯（高湯12　濃口醬油0.8　味醂1　酒1　鹽少許）

【作法】
將獨活切成5cm長、去皮，並浸泡在醋水中清洗。把水分擦乾，放入170℃的油鍋中炸3～4分鐘，瀝乾油分。再用綜合高湯燉煮。

### 鯛魚子燉煮

【材料】
鯛魚子　山椒　生薑絲15g　綜合高湯（高湯500㎖　酒100㎖　淡口醬油60㎖　味醂60㎖　砂糖1大匙）

【作法】
把鯛魚子的薄膜切開，切成容易食用的大小，並進行霜降處理。再用綜合高湯燉煮。

### 生牡蠣時雨煮

【材料】
生牡蠣　白蘿蔔泥　綜合高湯（高湯3　酒3　濃口醬油1　味醂1）　生薑汁

【作法】
用白蘿蔔泥清洗生牡蠣，瀝乾水分。將綜合高湯煮沸，加入生牡蠣煮約20分鐘。煮好後，加入生薑汁、離火。

## 甜煮香魚

【材料】
香魚　綜合調味料（香魚調味料7　酒3　濃口醬油1　味醂1　砂糖少許）　有馬山椒　溜醬油　水飴

【作法】
香魚先以白燒方式烤熟、放涼備用。鍋內鋪上香魚，倒入調味料，加上落蓋後以小火燉煮5～6小時。最後加入有馬山椒、溜醬油及水飴，持續燉煮直到湯汁幾乎收乾為止。

## 煮海鰻魚凍

【材料】
海鰻魚上身、魚皮600g　煮海鰻魚凍湯底（高湯900㎖　酒100㎖　味醂100㎖ 濃口醬油50㎖　淡口醬油50㎖　吉利丁片25g）

【作法】
將高湯、酒、味醂、濃口醬油、淡口醬油煮沸，加入切細的海鰻魚，稍微煮沸。加入泡水回軟的吉利丁片攪拌至溶解。放入冰水中冷卻降溫，再倒入模具中冷藏至凝固。

煮物

## 山菊土佐煮

【材料】
山菊　鹽　吸汁八方高湯　鰹魚粉

【作法】
山菊切成適合放入鍋子的長度，以鹽搓揉、靜置 10 分鐘後，從較粗的一端開始燙煮，再放入冷水中冷卻並去除纖維。將較粗的山菊對半剖開，切成 6cm 長。將吸汁八方高湯煮沸，放入山菊快速燉煮。起鍋瀝乾水分，再撒上鰹魚粉。

## 新九十檸檬煮

【材料】
地瓜　綜合高湯（高湯 500㎖　砂糖 4 大匙　鹽 1/2 小匙）　濃口醬油 2～3 滴　檸檬汁 1/4 顆份

【作法】
地瓜切成圓片，修整邊角，放入明礬水浸泡以去除澀味，再以清水洗淨後汆燙。放入調味高湯燉煮，煮好後加入濃口醬油放涼，最後再加入檸檬汁。

## 櫻花山藥

【材料】
山藥　煮汁　食用紅色素

【作法】
山藥去皮，放入明礬水中浸泡以防止氧化變色。將山藥切成 6mm 厚的圓片，使用櫻花形模具壓出形狀，然後稍微汆燙。將煮汁煮沸，加入少量加水溶解的食用紅色素，放入櫻花山藥稍微煮一下，即可完成。

# 燒烤類

## 紋甲烏賊海苔燒

【材料】
紋甲烏賊　鹽　味醂　青海苔粉

【作法】
在紋甲烏賊的上身插入金屬串，撒上少許鹽，放在炭火上燒烤。烤至半熟後，刷上味醂，撒上海苔粉後烤至熟透。

## 抱卵香魚西京燒*

【材料】
抱卵香魚　鹽　味噌醃醬（粗味噌　酒　味醂）

【作法】
抱卵香魚清洗乾淨，撒上少許鹽靜置約1小時後用水沖洗乾淨。在研缽中搗碎粗味噌，加入酒與味醂調勻，製作味噌醃醬。將香魚放入味噌醃醬中醃漬2天，取出後以中火烤至熟透。

＊西京燒是日本關西一帶的海鮮料理法，使用口味偏甜的白味噌來醃漬魚類，1～2天後再取出燒烤。

## 蒲燒鰻玉子燒

【材料】
蒲燒鰻　雞蛋　高湯　鹽　淡口醬油

【作法】
蒲燒鰻縱向切成4等分。將雞蛋打散，加入約20%分量的高湯，並以鹽和淡口醬油調味。熱鍋後倒入蛋液，放上蒲燒鰻作為內餡，慢慢包捲煎熟。將煎好的玉子燒放入捲簾中整形。

84

## 燒烤類

### 馬頭魚玉米燒

【材料】
馬頭魚　鹽　蛋白　玉米　一杯醬油（等量的清酒與淡口醬油）

【作法】
馬頭魚切片後撒上少許鹽，插上金屬串後燒烤。在魚皮塗上一層蛋白，放上預先用鹽水煮過的玉米粒，繼續燒烤。最後刷上一層一杯醬油，烤至熟透。

### 土雞八幡卷*一味山椒醬燒

【材料】
土雞腿肉　牛蒡　醬汁（濃口醬油 50ml　溜醬油 20ml　酒 50ml　味醂 50ml　砂糖 1/2 大匙）　一味唐辛子　山椒粉少許

【作法】
將土雞腿肉切成薄片，牛蒡縱向切成八等份，稍微汆燙後切成 10cm 長。用土雞腿肉將牛蒡捲起，以炭火燒烤。最後淋上醬汁烤至熟透，並撒上一味唐辛子與山椒粉。醬汁則是將所有材料混合，以小火熬煮收汁至約剩下兩成的量。

*八幡卷，源自京都八幡市，用肉片包捲著當地盛產的牛蒡煎熟，再以醬汁調味的一道料理。

### 松葉蟹酒盜燒

【材料】
新鮮松葉蟹腿肉　酒盜醬（酒 200ml　酒盜 100g）

【作法】
在松葉蟹腿肉劃上刀花，放入酒盜醬中醃漬 15 分鐘、用炭火燒烤。酒盜汁是將適量的酒煮沸去除酒精後，加入酒盜煮約 3～4 分鐘，然後用濾布過濾並放涼製成。

## 明蝦鬼殼燒

【材料】
明蝦　醬汁（清酒1杯、溜醬油1杯、濃口醬油1杯、冰糖120g）　山椒葉

【作法】
明蝦從背部剖開，串上金屬串後，以大火的炭火燒烤。在過程中重複刷上醬汁3～4次，使其入味。最後撒上搗碎的山椒葉點綴即可。醬汁是將所有材料混合後，以小火熬煮收汁至約剩下兩成的量。

## 油目山椒燒

【材料】
油目魚（在日本又名油目）　山椒燒醬汁（酒180㎖　濃口醬油180㎖　溜醬油180㎖　味醂200㎖　冰糖100g）　山椒葉適量

【作法】
油目去頭，片成三枚後去除腹骨與中骨。切成適當大小後，串上金屬串，以炭火從魚皮表面開始燒烤。在過程中重複刷上醬汁2～3次，使其上色入味。最後撒上搗碎的山椒葉點綴即可。醬汁是將所有材料混合後，以小火熬煮收汁至約剩下兩成的量。

## 蕨菜烏賊燒

【材料】
劍烏賊　烤海苔　鹽　蛋黃　海苔粉

【作法】
劍烏賊的上身橫向擺放，部分劃上刀花。在內側鋪上烤海苔後包捲，用金屬串固定，撒上少許鹽後放上炭火燒烤。在燒烤過程中，於捲合處重複刷上蛋黃2～3次，使其呈現金黃色澤。最後撒上海苔粉，切成蕨菜形狀即可。

燒烤類

## 鰤魚味噌幽庵燒*

【材料】
鰤魚　味噌幽庵醬汁（高湯1　酒1　濃口醬油1　味醂1　白味噌1/2　柚子切片適量）

【作法】
將鰤魚切片後，放入味噌幽庵醬汁中醃製約30分鐘。串上金屬串，以炭火烤至熟透。味噌幽庵醬汁是將高湯、酒、濃口醬油、味醂混合加熱至沸騰後冷卻，最後拌入白味噌調勻。

＊幽庵燒，將魚或肉混合了味醂、日本酒和醬油後醃2～8小時，再燒烤而成的一道料理。

## 貝柱琥珀燒

【材料】
干貝貝柱　鹽　蛋黃

【作法】
清洗干貝，將其修整成厚度約5mm的橢圓形狀。灑上少許鹽後，以炭火燒烤。在單面刷上蛋黃、重複這道工序3次，形成琥珀般的光澤。

## 山菊牛肉卷燒

【材料】
山菊　牛里肌肉　綜合調味料（濃口醬油30㎖　酒20㎖　味醂20㎖　砂糖2小匙）

【作法】
山菊切成適合放入鍋內的長度，以鹽搓揉後靜置10分鐘，再從較粗的一端開始汆燙，取出放入冷水後剝皮。以牛里肌肉包捲山菊，放入平底鍋中，加入少量沙拉油，將兩面煎至上色。再倒入調味醬汁，燉煮至醬汁收乾。

## 黑芝麻燒海鰻

【材料】
海鰻　鹽　味醂　黑芝麻

【作法】
海鰻的上身去骨後串上金屬串，灑上少許鹽，放在炭火上從魚皮的一面開始燒烤。烤至接近完成時，刷上一層味醂，再撒上黑芝麻，最後切成適當大小。

## 黑喉魚酒盜醬燒

【材料】
黑喉（紅喉魚）　酒盜醬（酒200㎖　酒盜100g）

【作法】
將黑喉魚切片後，放入調製好的酒盜醬汁中醃製15分鐘。醃好後，取出置於通風處風乾半天，串上金屬串後，放在炭火上烤至熟透。酒盜醬是將酒加熱至略微蒸發，再加入酒盜小火燉煮2～3分鐘，最後過篩冷卻備用。

## 奶油醬燒新洋蔥

【材料】
新洋蔥　奶油　酒　濃口醬油

【作法】
新洋蔥切成1cm厚的圓片，若洋蔥較大，可再對半切開。平底鍋加熱，倒入少許沙拉油，將洋蔥放入鍋中煎烤至兩面呈現金黃色。洋蔥煎至熟透後，加入奶油，再沿鍋邊倒入少許酒和濃口醬油、煮至熟透。

燒烤類

## 星鰻八幡卷

【材料】
星鰻　牛蒡　醬汁（濃口醬油 180㎖　溜醬油 180㎖　味醂 180㎖　酒 180㎖　冰糖 100g　烤過的星鰻頭與骨頭 2～3 根）　山椒粉

【作法】
將星鰻剖開去除黏液，縱向切成兩半。牛蒡稍微汆燙後，以星鰻片包捲後串上金屬串。放上炭火燒烤，最後刷上醬汁烤至上色、撒上山椒粉。醬汁是將所有醬汁材料混合，以小火熬煮收汁至約剩下兩成的量。

## 鹽烤白北魚

【材料】
白北魚　鹽

【作法】
將白北魚切成三片，去除腹骨與中骨。撒上少許鹽，靜置片刻使其入味。串上金屬串後，放入炭火上燒烤至表面呈金黃色即可。

## 鮪魚牛排

【材料】
鮪魚　醬汁（濃口醬油 30㎖　酒 30㎖　味醂 30㎖　砂糖 2 小匙）　山椒粉

【作法】
鮪魚去除筋膜，平底鍋加熱後放入少許沙拉油，將鮪魚兩面煎至表面微焦。倒入醬汁，稍微熬煮收汁，使表面呈現照燒光澤。起鍋後撒上山椒粉即可。

鮪魚建議內部保持半生熟（Rare）口感，這樣能更好地展現其鮮美風味。

## 合鴨蔥卷燒

【材料】
合鴨胸肉　長蔥　醬汁（濃口醬油50㎖　溜醬油30㎖　酒50㎖　味醂100㎖）　山椒

【作法】
將合鴨胸肉斜切成薄片。長蔥切成適當長度後燒烤至微焦。以合鴨肉片包捲烤好的長蔥，串上金屬串，刷上醬汁燒烤。最後撒上山椒粉即可。

## 味噌漬鮑魚

【材料】
鮑魚　味噌醃醬（粗味噌　酒　味醂）　味醂

【作法】
鮑魚肉切成較厚的切片。粗味噌加酒與味醂調和成味噌醃醬，將鮑魚片放入醃漬一天。取出鮑魚，在表面劃上刀花後放上炭火燒烤，最後刷上一層味醂提味。

## 油目魚海膽醬油燒

【材料】
油目魚　海膽醬油（生海膽　蛋黃　淡口醬油）

【作法】
油目魚去除腹骨與中骨後切成三片，切成適當大小後串上金屬串，以皮面朝下放上炭火燒烤。在過程中重複刷上海膽醬油2～3次，烤至表面金黃即可。海膽醬油是將生海膽過篩壓泥，加入蛋黃與淡口醬油調勻。

燒烤類

## 多利魚味噌幽庵漬

【材料】
多利魚　味噌幽庵醬（酒 1½ 杯　濃口醬油 1 杯　味醂 1 杯　高湯 1 杯　白味噌 150g）味醂

【作法】
在多利魚身上劃上刀花，切成適當大小的魚片。再放入味噌幽庵醬中醃漬 1 小時。串上金屬串後，以炭火燒烤，最後在魚皮表面刷上味醂。味噌幽庵醬是將白味噌以外的調味料煮沸後放涼，再拌入白味噌混合均勻。

## 烤馬頭魚深山燒

【材料】
馬頭魚　幽庵醬（高湯 50㎖　濃口醬油 50㎖　酒 50㎖　味醂 50㎖　柚子 1/2 個）　栗子　泡水回軟的銀杏　明蝦　蛋白

【作法】
馬頭魚切片後放入幽庵醬中醃漬約 30 分鐘，接著以炭火烤至九分熟。煮熟的栗子、泡水回軟的銀杏和明蝦切成相同大小的塊狀，裹上蛋白混合均勻。將混合食材鋪在馬頭魚上，稍微烤至表面金黃即可。幽庵醬是將高湯與調味料加熱煮沸後放涼，再加入柚子調味。

## 烤牛菲力網燒

【材料】
牛菲力肉　醬汁（酒 200㎖　濃口醬油 150㎖　溜醬油 50㎖　味醂 200㎖　砂糖 30g　蜂蜜 30㎖　切碎的洋蔥 1/2 顆　切碎大蒜 1 瓣　切碎的薑 30g）　山椒粉

【作法】
將牛菲力肉以炭火燒烤，過程中不斷刷上醬汁。最後撒上山椒粉即可。

91

## 烤鱸魚

【材料】
鱸魚　鹽　食用油

【作法】
鱸魚去除中骨與腹骨後切成三片、撒上薄鹽。靜置 1 小時後，以清水沖洗，並擦乾水分。切成適合食用大小的塊狀，串上金屬串後。以 180℃ 的熱油來回澆淋 4～5 次，最後放入烤箱烤至熟透。

## 烤麩田樂味噌

【材料】
麩　田樂味噌（赤味噌 100g　蛋黃 1 顆份　酒 20㎖　味醂 20㎖　砂糖 40g）

【作法】
麩切成 1.5 cm 寬，先以炭火燒烤。均勻塗上田樂味噌後，再次炙烤至味噌稍微焦香即可。田樂味噌是將所有材料放入鍋中，以小火慢煮並攪拌約 10 分鐘，至濃稠狀即可使用。

## 鹽烤香魚

【材料】
香魚　鹽

【作法】
香魚清洗乾淨，以 S 型串上金屬串。均勻撒上鹽巴、放入烤箱烤至熟透即可。

燒烤類

## 鹽烤明蝦

【材料】
明蝦　鹽

【作法】
明蝦從尾部串上金屬串。均勻撒上鹽，放入烤箱烤至熟透即可。

## 田舍風玉子燒

【材料】
雞蛋　砂糖　濃口醬油

【作法】
將雞蛋打散，加入砂糖與濃口醬油，調製成偏甜的風味。以平底鍋煎至表面呈金黃色。用壽司捲簾包捲、整形即可。

## 鰻魚八幡卷

【材料】
鰻魚　牛蒡　醬汁（濃口醬油 180㎖　溜醬油 180㎖　味醂 180㎖　酒 180㎖　冰糖 100g　烤過的鰻魚頭與骨）

【作法】
將鰻魚剖腹，去除背鰭與頭部，並從中切成兩半。其中一半在靠近尾部的地方劃上刀口，將另一半的頭部穿過，將兩條鰻魚串連成一條。牛蒡切成細條，稍微燙熟。以鰻魚包捲數條牛蒡，鬆散地包捲後串上金屬串。以炭火烤至表面呈金黃色，並在過程中重複刷上醬汁2～3次，使其上色入味。烤鰻魚醬汁是將所有材料放入鍋中，以小火熬煮收汁至約剩下兩成的量。

## 焗烤伊勢龍蝦

【材料】
伊勢龍蝦　奶油　麵粉　牛乳　伊勢龍蝦醬汁（※）　鹽　胡椒
※伊勢龍蝦醬汁製作／將伊勢龍蝦頭10隻、洋蔥1顆、紅蘿蔔1根、芹菜1根、番茄1顆、水3ℓ、少許白蘭地，將上述材料放入鍋中熬煮，收汁至約600㎖，最後加入少許白蘭地調味。

【作法】
將伊勢龍蝦縱向對半切開，稍微蒸煮後取出龍蝦肉，切成容易食用的一口大小。平底鍋中放入奶油和麵粉，以小火攪拌，再加入牛奶稀釋。接著加入伊勢龍蝦的湯汁，並用鹽和胡椒調味（製作焗烤醬）。在平底鍋中放入奶油，快速翻炒龍蝦肉，以鹽和胡椒調味，然後沿鍋邊倒入白蘭地進行焰燒。將焗烤醬與龍蝦肉混合後填回龍蝦殼內，放入250℃的烤箱烘烤約5分鐘。

## 高湯玉子燒

【材料】
雞蛋5顆　高湯40㎖　鹽1/4小匙　淡口醬油1/2小匙

【作法】
將雞蛋打散，加入高湯、鹽和淡口醬油攪拌均勻。然後將其煎成高湯玉子燒，取出後放入捲簾中包捲整形。

這道料理的製作方式與「高湯玉子燒」相同，只是使用捲簾稍微捲得細一些。

燒烤類

## 千層鮑魚佐肝燒

【材料】
鮑魚　美乃滋　柚子醋醬油（橙醋 270㎖　柚子醋 180㎖　煮過的酒 100㎖　煮過的味醂 190㎖　濃口醬油 400㎖　溜醬油 90㎖　米醋 45㎖　鰹魚乾 15g　高湯昆布 10g）

【作法】
將鮑魚用鹽搓洗乾淨後取下殼，並將鮑魚肉切成適當厚度。將內臟稍微汆燙後過篩，並與美乃滋和柚子醋醬油混合調勻。將調好的肝醬塗抹在鮑魚上，放上炭火燒烤。柚子醋醬油是將所有材料混合後靜置一週，再過篩製成的。

## 白北魚佐山椒葉味噌燒

[材料]
白北魚　鹽　紫蘇葉　山椒葉味噌（玉味噌 30g　山椒葉 10 片　煮過的酒少許）

【作法】
將白北魚切片撒上少許鹽，靜置 1 小時。串上金屬串後放入烤箱燒烤，接近烤熟時塗上山椒葉味噌，並繼續燒烤至表面呈金黃色。山椒葉味噌是將玉味噌以煮過的清酒調和，然後與搗碎的山椒葉混合而成。

## 秋季海鰻佐黃瓜捲

【材料】
海鰻　小黃瓜　醬汁（濃口醬油 180㎖　溜醬油 180㎖　味醂 180㎖　酒 180㎖　冰糖 100g）山椒粉

【作法】
將海鰻縱向剖半並進行去骨處理，插上金屬串後放入烤箱燒烤。小黃瓜切成薄片，放入淡鹽水中浸泡後瀝乾水分。將海鰻皮朝上放在捲簾上，鋪上黃瓜後捲起，切成容易食用的大小，撒上山椒粉。燒烤醬汁是將所有材料混合，以小火熬煮收汁至約剩下兩成的量。

## 土雞肉丸山椒燒

【材料】
土雞絞肉　山藥泥　蛋白　生薑汁　濃口醬油　味醂　醬汁（濃口醬油100㎖　酒50㎖　味醂50㎖）　山椒粉

【作法】
將土雞絞肉放入研缽中充分搗碎，加入磨碎的山藥泥和蛋白作為黏合劑，再以生薑汁、濃口醬油和味醂調味。取適量絞肉揉成丸形，放入熱水中煮熟後起鍋、瀝乾水分。接著放入烤箱刷上醬汁燒烤，最後撒上山椒粉。醬汁是將所有材料混合，以小火熬煮收汁至約剩下兩成的量。

## 柚香鱸魚幽庵燒

【材料】
鱸魚　柚子幽庵醬（高湯50㎖　酒50㎖　濃口醬油50㎖　味醂50㎖　柚子1/2顆）

【作法】
將鱸魚切片放入幽庵醬汁中醃漬約30分鐘。接著串上金屬串，放入烤箱烤至熟透。柚子幽庵醬的製作方法是將高湯與調味料煮沸後放涼，最後加入柚子調製而成。

## 軟絲黃味酒盜燒

【材料】
軟絲　黃味酒盜醬（煮過的酒1杯、將100g的酒盜放入鍋中煮2～3分鐘，然後用濾網過篩，做成的酒盜醬50㎖　蛋黃3顆份）

【作法】
在軟絲的上身劃上刀花，串上金屬串後，放入烤箱燒烤。在燒烤過程中反覆塗抹2～3次黃味酒盜醬，直至燒烤完成。

燒烤類

## 白帶魚獨活八幡卷

【材料】
白帶魚　獨活　鹽

【作法】
將白帶魚肉片對半縱切，獨活削去外皮、切成30cm長，再縱向切細條、放入醋水中浸泡。用白帶魚片包捲獨活細條，串上金屬串。撒上少許鹽，放上炭火燒烤至熟透。

## 馬頭魚焗烤馬鈴薯沙拉

【材料】
馬頭魚　鹽　胡椒　馬鈴薯沙拉

【作法】
馬頭魚以觀音開切刀法剖開魚肉，撒上鹽與胡椒調味。包捲馬鈴薯沙拉，放入預熱200℃的烤箱，烘烤約12分鐘。

## 艾草麩柚子味噌燒

【材料】
艾草麩　柚子味噌（玉味噌　柚子皮與柚子汁）

【作法】
艾草麩切成1cm厚片，放入烤箱兩面燒烤後塗上柚子味噌。柚子味噌是將玉味噌、柚子皮與柚子汁放入研缽內均勻攪拌，使其融合。

## 秋刀魚柚香燒

【材料】
秋刀魚　柚香醃醬（濃口醬油50㎖　煮過的酒50㎖　高湯50㎖　煮過的味醂50㎖　切片柚子1/2顆）

【作法】
將秋刀魚去除腹骨與中骨，切成三片狀。在魚皮上劃上刀花、切成4cm寬的魚片，再放入柚香醃醬內醃漬1小時。以雙邊魚肉內捲的方式串上金屬串，放入烤箱烤至熟透。柚香醃醬是將高湯與所有調味料加熱至微沸，冷卻後加入柚子片即可。

## 馬頭魚若狹燒*

【材料】
馬頭魚　若狹醬汁（高湯2　酒2　淡口醬油1　切碎的山椒葉適量）

【作法】
將馬頭魚切片串上金屬串。放入烤箱燒烤、在過程中分2～3次反覆淋上若狹醬汁，使其入味。

＊若狹燒是用清酒和混合而成的醬汁，淋上帶魚鱗的魚肉做成的一道料理。

## 唐墨燒明蝦

【材料】
明蝦　味醂　唐墨粉（烏魚子粉）

【作法】
將明蝦從背部剖開，並橫向串上金屬串、放入烤箱燒烤。烤好後塗上一層味醂，接著撒上唐墨粉，再次燒烤至熟透。

## 烤紋甲烏賊

【材料】
紋甲烏賊　鹽　蛋黃

【作法】
將紋甲烏賊切成適合食用的大小。串上金屬串，撒上少許鹽後燒烤。在過程中，反覆於表面分3～4次塗抹蛋黃。

## 鐵鍬燒雞腿

【材料】
雞腿肉　麵粉　綜合調味料（酒1　濃口醬油0.7　溜醬油0.3　味醂1　砂糖少許）山椒粉

【作法】
將雞腿肉斜切，裹上麵粉。平底鍋加熱，倒入適量沙拉油，雞皮朝下放入雞肉。加上落蓋，煎至兩面呈金黃色。加入調味醬汁攪拌均勻，再撒上山椒粉煮熟即可。

98

燒烤類

## 白北魚玉子獻珍燒

【材料】
白北魚　幽庵醬汁（高湯 50㎖　濃口醬油 50㎖　酒 50㎖　味醂 50㎖　柚子 1/2 顆份）　麵粉玉子獻珍（參照 P.116）　蛋黃

【作法】
將白北魚以觀音開切刀法切開，放入幽庵醬汁中醃製 15 分鐘。取出後擦乾水分、裹上麵粉，夾入玉子獻珍後，以保鮮膜包覆。以中火蒸 15 分鐘，取出放涼。將冷卻後的白北魚切成 3cm 寬的塊狀，放入烤箱燒烤。在過程中，反覆在表面刷上蛋黃 2〜3 次，翻轉烤至熟透。

## 鹽燒櫻花鯛魚

【材料】
鯛魚　鹽　櫻花葉

【作法】
鯛魚切片，均勻撒上薄鹽調味。以櫻花葉包裹，靜置 1 小時，使其吸收淡雅的櫻花葉香氣。串上金屬串，放入烤箱烤至熟透。

## 蒲燒鰻魚豆腐

【材料】
木綿豆腐　山藥泥　蛋黃素　蛋白　白燒鰻魚　鰻魚蒲燒醬汁　山椒粉

【作法】
木棉豆腐重壓去水，並過篩磨成泥狀。將山藥泥、蛋黃醬、蛋白混合均勻，再拌入切成短條狀的白燒鰻魚。將混合好的豆腐糊倒入模具中，中火蒸約 15 分鐘，待冷卻後取出。切成容易食用的大小，放入烤箱燒烤。烤至微微焦香後，均勻刷上鰻魚蒲燒醬汁，最後撒上山椒粉即可。

## 竹筍 山椒葉田樂味噌燒

【材料】
煮熟的竹筍　吸汁八方高湯　山椒葉味噌（味噌 500g　山椒葉 1 盒　菠菜泥 1 束份　煮過的酒 200㎖）

【作法】
煮熟的竹筍切成容易食用的大小，放入吸汁八方高湯中炊煮入味，起鍋瀝乾水分。在竹筍表面均勻塗抹山椒葉味噌、放入烤箱燒烤。山椒葉味噌是將玉味噌、菠菜泥、煮酒混合均勻，再放入磨碎的山椒葉攪拌拌勻即可。

## 松茸鰤魚卷燒

【材料】
鰤魚　玉酒（酒與水等量混合　少許鹽）　昆布　香菇

【作法】
鰤魚去除腹骨、中骨，切成三片。將魚片放入玉酒中醃製10分鐘，撈起後放在昆布上包裹30分鐘，使其吸收鮮味。在魚皮表面劃上刀花，捲入香菇後以金屬串固定，放入烤箱燒烤即可。

## 鮑魚海膽酒盜醬燒

【材料】
鮑魚　生海膽　酒盜醬汁（酒1杯　酒盜100g）

【作法】
鮑魚切成薄片，鋪上生海膽後放入烤箱燒烤。過程中分2～3次反覆塗抹酒盜醬汁。酒盜醬汁是將酒煮至酒精揮發後，加入酒盜煮2～3鐘，過篩冷卻備用。

## 幽庵海膽燒鱸魚

【材料】
鱸魚　生海膽　幽庵醬汁（高湯50㎖　濃口醬油50㎖　酒50㎖　味醂50㎖　柚子1/2顆）

【作法】
鱸魚切片後，浸泡於幽庵醬汁30分鐘，將鱸魚串上金屬串，放上以炭火烤至8分熟的海膽，再次燒烤。幽庵醬汁是將所有調味料煮沸後冷卻，再加入柚子攪拌均勻而成。

## 牛腿肉燒柚子胡椒風味

【材料】
牛腿肉　調味醬汁（酒1　濃口醬油1/2　溜醬油1/2　蜂蜜1/5　味醂1/2　洋蔥泥　蒜頭泥　生薑泥　柚子胡椒）

【作法】
將牛腿肉切成1.5cm厚的片狀。一面淋調味醬汁、一面置於烤肉網上燒烤。醬汁是：酒、濃口醬油、溜醬油、蜂蜜、味醂放入鍋中，加熱至2成收汁，放涼後加入磨泥洋蔥、生薑、蒜頭及柚子胡椒攪拌拌勻而成。

## 燒烤類

### 馬頭魚嫩草燒

【材料】
馬頭魚　鹽　豌豆

【作法】
馬頭魚切片後，均勻撒上少許鹽，靜置1小時入味。豌豆煮熟後去皮，過篩壓成泥狀。馬頭魚用清水沖洗表面鹽分，擦拭乾淨後串上金屬串，燒烤至9分熟。魚片鋪上豌豆泥，稍微烤至定型即可。

### 醬燒麵麩

【材料】
麵麩　醬汁（濃口醬油180㎖　溜醬油180㎖　酒180㎖　味醂180㎖　冰糖120g）

【作法】
將麵麩切成約1cm厚片，放入烤箱燒烤至表面呈金黃色。過程中反覆塗上醬汁2～3次，醬汁是將所有醬汁的材料混合，以小火熬煮收汁至約剩下兩成的量。

### 鱒魚有馬燒

【材料】
鱒魚　醬汁（濃口醬油50㎖　酒50㎖　味醂50㎖）
山椒葉

【作法】
將鱒魚串上金屬串，放入烤箱燒烤。過程中反覆塗抹醬汁2～3次，再撒上搗碎的山椒葉。醬汁是將所有醬料混合，以小火熬煮收汁至約剩下兩成的量。

### 多利魚味噌漬烤

【材料】
多利魚　鹽　味噌醬（荒味噌　酒　味醂）

【作法】
在多利魚的魚皮表面劃上刀花，撒上鹽，靜置1小時後洗淨。將粗味噌放入研缽搗碎，再加入酒與味醂調和至適當濃稠度，製作成味噌醬。將多利魚放入味噌醬中醃漬1天、再以中火的烤箱燒烤。

燒烤類

## 白北魚山椒葉味噌燒

【材料】
白北魚　鹽　紫蘇葉　山椒葉味噌（玉味噌500g　山椒葉1盒　菠菜泥1束份　煮過的酒200ml）

【作法】
在白北魚表面均勻撒上少許鹽，靜置1小時入味。在於魚身中央切一刀，夾入以紫蘇葉包裹的山椒葉味噌。串上金屬串，放入烤箱燒烤。山椒葉味噌是將玉味噌、菠菜泥、煮切酒混合拌勻，最後加入在研缽中研磨過的山椒葉攪拌均勻。

## 土雞松風燒

【材料】
土雞絞肉　蛋白　山藥泥　砂糖　濃口醬油　味醂　葡萄乾

【作法】
將土雞絞肉放入研缽，加入蛋白與山藥泥作為黏著劑。再加入砂糖、濃口醬油、味酥調味，使其略帶甜味。最後拌入葡萄乾混合好肉餡後倒入烤模，鋪平後放入預熱160℃的烤箱，烘烤約20分鐘至即可。

## 抹茶淋醬蜜煮地瓜

【材料】
新鮮地瓜　梔子花果實　糖蜜（砂糖水）　抹茶淋醬（蛋白　砂糖　抹茶粉）

【作法】
將新鮮的地瓜切成斜片，浸泡在明礬水中，再用水沖洗。將地瓜與梔子花果實一起放入鍋中煮熟，水洗後再蜜煮。將少許蛋白與糖混合、攪拌至乳化，再加入抹茶繼續攪拌。將蜜煮過的地瓜用炭火稍微烘烤，然後淋上抹茶醬，再次快速烘烤完成。

102

# 炸物

## 紫蘇葉炸沙鮻

【材料】
沙鮻　鹽　昆布　紫蘇葉　麵粉　蛋白　昆布茶粉

【作法】
將沙鮻去除腹骨與中骨、切成三片。均勻撒鹽後靜置15分鐘，然後用昆布包覆醃漬入味。紫蘇葉切細絲備用。將沙鮻魚先撒上麵粉再沾裹蛋白，最後沾上紫蘇葉絲。放入170℃的油鍋中炸至金黃酥脆。起鍋後撒上昆布茶粉調味。

## 炸玉米餅

【材料】
玉米　麵粉　天婦羅麵糊（蛋黃1/2顆　冰水1杯　麵粉1杯）　素鹽

【作法】
剝取玉米粒，撒上少許鹽，放入沸水中燙熟後瀝乾。玉米粒撒上麵粉，然後加入少許天婦羅麵糊，揉捏成丸形。放入175℃的油鍋中炸至金黃酥脆。再撒上少許素鹽。

## 炸蝦蘆筍卷

【材料】
明蝦　馬鈴薯澱粉　吸汁八方高湯　綠蘆筍　素鹽

【作法】
汆燙明蝦、進行霜降處理，剝殼後沿腹部剖開成大片。裹上馬鈴薯澱粉後包入保鮮膜中，輕輕敲打延展成薄片狀。放入滾水中燙熟，取出後泡入吸汁八方高湯中醃製，製成蝦肉餅皮。蘆筍去掉老根，燙熟後切成與蝦肉餅皮相同的寬度。用蝦肉餅皮包捲住蘆筍，並用牙籤固定。放入175℃的油鍋中炸至金黃酥脆。撒上少許素鹽，即可享用。

## 櫻花山藥炸櫻花蝦粉

【材料】
山藥　麵粉　蛋白　櫻花蝦粉

【作法】
將山藥切成櫻花形狀，浸泡在醋水中，然後用水沖洗並擦乾水分。撒上薄薄一層麵粉，裹上蛋白，再沾上櫻花蝦粉，最後放入180℃的油鍋中炸至金黃酥脆。

## 米紙春捲炸物

【材料】
煮熟的竹筍　小明蝦　楤木芽　米紙　麵粉　咖哩　鹽

【作法】
將煮熟的竹筍切成8cm長的條狀。小明蝦去頭去殼。將竹筍、小明蝦和處理乾淨的楤木芽整齊地放在米紙上包捲，裹上一層麵粉後放入180℃的油鍋中炸至金黃酥脆，最後撒上咖哩鹽調味。

## 什錦天婦羅　竹筍、明蝦與蠶豆的

【材料】
煮熟的竹筍　明蝦　蠶豆　麵粉　天婦羅麵糊（蛋黃1/2顆份　冰水1杯　麵粉1杯）抹茶鹽

【作法】
燙熟的竹筍切成1cm塊狀。明蝦去殼，去除腸泥後切成1cm寬。蠶豆從豆莢中取出，去除外皮。竹筍、明蝦和蠶豆混合後，撒上一點麵粉，再加入天婦羅麵糊拌勻。放入175℃的油鍋中炸至金黃酥脆，最後撒上抹茶鹽調味。

炸物

## 香魚煎餅

【材料】
香魚　葛根粉　山椒鹽

【作法】
將活香魚切成薄片，裏上葛根粉，放入170℃的油鍋中炸至泡沫消失。撒上山椒鹽即可。

## 燉小芋頭炸蛋黃麵糊

【材料】
燉煮小芋頭（參照P.55）麵粉　蛋黃麵糊（蛋黃1/2顆份　水100㎖　馬鈴薯澱粉80g）

【作法】
將燉煮入味的小芋頭沾麵粉，再裹上蛋黃麵糊，放入170～175℃的油鍋中炸至金黃酥脆。

## 炸明蝦地瓜絲卷

【材料】
明蝦　地瓜　麵粉　昆布絲　素鹽

【作法】
將明蝦去頭、去尾、去殼，去除背部腸泥，並在腹部劃一刀切開。將地瓜削成薄片，再切成細絲，泡水後充分瀝乾水分。用地瓜絲包裹撒上麵粉的明蝦，再用昆布絲綁緊，放入180℃的油鍋中炸至金黃酥脆，最後撒上適量的鹽。

## 馬頭魚松笠揚*

【材料】
馬頭魚　麵粉　山椒鹽

【作法】
將馬頭魚帶皮切成適當大小的魚片，保持鱗片完整並讓其豎立。均勻裹上麵粉，以180℃的油鍋炸至表面金黃酥脆。撒上山椒鹽即可。

＊松笠揚，是一種將魚皮表面的鱗片呈現如松果般外觀的料理。其特色在於能同時品嚐到酥脆的鱗片口感與柔軟細膩的魚肉，讓高雅的鮮美滋味在口中綻放。

## 白蘆筍生火腿糯米粉炸

【材料】
白蘆筍　生火腿　麵粉　蛋白　糯米粉　檸檬汁

【作法】
削去白蘆筍底部較硬的外皮。斜向包捲生火腿。均勻裹上麵粉後沾上蛋白、再裹上糯米粉。以175℃的油鍋炸至表面金黃酥脆。起鍋後擠上檸檬汁即可。

## 竹筴魚立田揚*

【材料】
竹筴魚　調味醬汁(清酒1　濃口醬油1　生薑泥少許　蒜泥少許)　馬鈴薯澱粉　蛋　炒過的白芝麻

【作法】
將竹筴魚去骨後切成適合食用的大小。放入調味醬汁中醃漬約10分鐘。取出後擦乾水分。撒上馬鈴薯澱粉、沾裹蛋液後再撒上炒過的白芝麻。以175℃的油鍋炸至金黃酥脆即可。

＊立田揚，將魚或肉用醬油、味醂、生薑等醃製以去除腥味，再裹上馬鈴薯澱粉油炸的炸物，亦被稱為「龍田揚」。據說這道料理的名稱源自於炸好後醬油呈現微紅色，而馬鈴薯澱粉部分則留有白色，類似紅葉飄落在龍田川上的景象，因此而得名。

**炸物**

## 炸海鰻秋茄子捲

【材料】
海鰻　茄子　麵粉　抹茶鹽

【作法】
將海鰻上身進行去骨處理。茄子縱向切片。用星鰻將茄子包捲，以牙籤固定。均勻撒上麵粉後放入油鍋中炸至金黃酥脆。起鍋後切成適合食用的大小，撒上抹茶鹽即可。

## 炸糯米粉芋頭

【材料】
六方煮芋頭（參照 P.59）　麵粉　蛋白　糯米粉

【作法】
將煮熟的六方煮芋頭撒上麵粉、再沾上蛋白，最後均勻裹上糯米粉。以 175℃ 的油鍋炸至表面金黃酥脆即可。

## 炸新牛蒡鯛魚皮捲

【材料】
新牛蒡　鯛魚皮　山椒鹽

【作法】
將新鮮牛蒡切成約 20cm 長，縱向切成八條細長條狀。以熱水快速地氽燙。用鯛魚皮將牛蒡包捲（參照 P.93「鰻魚八幡卷」）。放入 180℃ 的油鍋炸至表面金黃酥脆。撒上山椒鹽，切成容易食用的大小即可。

## 薄殼豌豆與明蝦可樂餅

【材料】
豌豆　明蝦　鹽　胡椒　奶油

【作法】
將豌豆用鹽水燙熟，去除外皮，並搗碎過篩。明蝦先進行汆燙，去除頭與殼，切成1cm寬的塊狀。撒上鹽與胡椒，放入平底鍋中用奶油炒香。將搗碎的豌豆與炒好的明蝦混合、整成丸形。再撒上麵粉、裹上蛋液、細的麵包粉，再放入180℃的油鍋炸至金黃酥脆。

## 炸海鰻明蝦天婦羅

【材料】
海鰻　玉米　毛豆　明蝦　麵粉　天婦羅麵糊（蛋黃1/2顆份　冷水1杯　麵粉1杯）
抹茶鹽

【作法】
將海鰻去骨後切半、並撒上麵粉。取下玉米粒，用鹽水燙熟。毛豆剝殼，用鹽水燙熟後去除外皮。明蝦去殼、去除腸泥，切成1cm寬的塊狀。將明蝦、玉米、毛豆混合並撒上麵粉。將海鰻皮朝下擺放，再將混合餡料鋪在魚肉上方。淋上天婦羅麵糊後，放入180℃的油鍋炸至金黃酥脆。起鍋後撒上抹茶鹽即可。

將海鰻皮朝下擺放，在魚肉的部分放上明蝦、玉米、毛豆。

## 炸物

### 炸栗子南瓜佐罌粟籽

【材料】
栗子南瓜燉煮（參照 P.54）　麵粉　蛋白　罌粟籽

【作法】
栗子南瓜燉煮後瀝乾水分，撒上麵粉、再裹上蛋白、沾上罌粟籽後，以 180℃ 的油鍋炸至金黃酥脆即可。

### 九孔共肝天婦羅

【材料】
九孔　天婦羅麵糊（蛋黃 1/2 顆份　冷水 1 杯　麵粉 1 杯）　山椒鹽

【作法】
用鹽搓洗九孔，取出貝肉。在九孔上劃上刀花。九孔肝過篩後與天婦羅麵糊混合。裹上九孔貝肉、放入 180℃ 的油鍋中炸至金黃酥脆即可。撒上山椒鹽。

### 炸溪蝦

【材料】
溪蝦　素鹽

【作法】
將溪蝦瀝乾水分，以 180℃ 的油鍋炸至金黃酥脆，撒上素鹽。

## 炸鮑魚餅

【材料】
鮑魚　麵粉　蛋白　爆米香粒　素鹽

【作法】
用鹽搓洗鮑魚並取出貝肉。將鮑魚切成薄片，撒上麵粉、沾上蛋白，最後裹上壓碎的爆米香粒。以175℃的油鍋炸至金黃酥脆，起鍋後撒上精鹽即可。

## 炸新鮮蜜地瓜

【材料】
新鮮地瓜　黑芝麻鹽

【作法】
將新鮮地瓜切成2～3cm厚片，放入140℃的油鍋中，一面加溫、一面炸至金黃酥脆。撒上黑芝麻鹽即可。

## 炸土雞肉丸佐糖醋餡

【材料】
土雞絞肉　山藥泥　蛋白　馬鈴薯澱粉　鹽　胡椒薑汁　糖醋醬（高湯2　濃口醬油1/2　醋1/2　砂糖1/2　番茄醬1/4　伍斯特醬少許加水溶解的葛根粉）

【作法】
將土雞絞肉與山藥泥、蛋白、馬鈴薯澱粉混合，加入鹽、胡椒與生薑汁調味。整成圓形後，放入170℃的油鍋炸至金黃酥脆。糖醋醬的調味料混合煮滾，加入加水溶解的葛根粉使其黏稠。把炸好的土雞肉丸放入糖醋醬中拌勻即可。

炸物

## 明蝦天婦羅

【材料】
明蝦　麵粉　天婦羅麵糊（蛋黃 1/2 顆份　冷水 1 杯　麵粉 1 杯）

【作法】
取下明蝦頭部，去殼並去除泥腸，稍微擰轉蝦尾。在蝦腹部入刀並延展筋膜，撒上麵粉、再裹上天婦羅麵糊。放入 180℃的油鍋中炸至金黃酥脆即可。

## 黑毛豆和栗子天婦羅

【材料】
黑毛豆　栗子　梔子花果實　麵粉　天婦羅麵糊（蛋黃 1/2 顆份　冷水 1 杯　麵粉 1 杯）　素鹽

【作法】
將黑毛豆用素鹽搓洗後，用鹽水煮熟並剝去外殼，再去除薄膜。剝開栗子外殼，切成 1cm 方塊，將栗子放入含有梔子花果實的熱水中煮沸，然後用冷水洗淨。將黑毛豆和栗子裹上麵粉、沾上天婦羅麵糊，並以 180℃的油鍋炸至金黃酥脆。起鍋後撒上素鹽即可。

## 炸章魚

【材料】
活章魚　葛根粉　咖哩鹽

【作法】
將活章魚洗淨，切下章魚腳並保留吸盤、剝去外皮，切成 1cm 寬的塊狀。裹上葛根粉後進行二次油炸。起鍋後撒上咖哩鹽即可。

享受鮑魚的紮實口感與
海膽的嫩滑口感

## 炸鮑魚夾海膽

【材料】
鮑魚　生海膽　麵粉　海苔　天婦羅麵糊（蛋黃1/2顆份　冷水1杯　麵粉1杯）　素鹽

【作法】
以鹽搓洗鮑魚，去殼取出鮑魚肉，將鮑魚肉切成薄片。撒上一層麵粉、放上生海膽，再放上一片鮑魚夾住。用海苔將鮑魚包捲，裹上天婦羅麵糊，放入180℃的油鍋中炸至金黃酥脆。起鍋後撒上素鹽即可。

## 炸鯛魚裹道明寺麵糊

【材料】
鯛魚　鹽　道明寺粉　吸汁八方高湯　醃漬櫻花葉　白扇麵糊*（蛋白1顆份　水1大匙　馬鈴薯澱粉1/2大匙）

【作法】
鯛魚去皮切成薄片，撒上少許鹽。將紅色道明寺粉與吸汁八方高湯放入碗裡、以1:1的比例混合，靜置30分鐘後攪拌均勻成糊狀。鯛魚片裹上道明寺粉、再用醃漬櫻花葉包捲，裹上白扇麵糊後放入175℃的油鍋炸至金黃酥脆即可。白扇麵糊是將蛋白打發後，加入水和馬鈴薯澱粉混合製成的麵糊。

＊白扇麵糊，是將馬鈴薯澱粉用水調開後，加入打發的蛋白製成的麵糊，裹上食材後輕柔地油炸，使其保持潔白不上色。由於油炸時間長會使食材表面上色，為了呈現純白外觀，通常會使用已經預先加熱過的食材或容易熟的材料，並以新鮮的油進行油炸。

炸物

## 炸蓮藕夾明蝦

【材料】
明蝦　蓮藕　紫蘇葉　麵粉　天婦羅麵糊（蛋黃 1/2 顆份　冷水 1 杯　麵粉 1 杯）　素鹽

【作法】
將明蝦汆燙，剖開腹部、去除背部泥腸。蓮藕去皮，切成 5mm 厚片，並撒上一層麵粉。在一片蓮藕上依序放上紫蘇葉、明蝦、紫蘇葉，再用另一片蓮藕夾住。裹上天婦羅麵糊，放入 175℃的油鍋炸至金黃酥脆。撒上素鹽即可。

## 炸毛豆天婦羅

【材料】
毛豆　麵粉　天婦羅麵糊（蛋黃 1/2 顆份　冷水 1 杯　麵粉 1 杯）　素鹽

【作法】
將毛豆清洗乾淨後用鹽水煮熟，去掉外殼與薄膜。先撒上一層麵粉，再加入少許天婦羅麵糊，整成丸形。放入 175℃的油鍋炸至金黃酥脆。撒上素鹽即可。

## 炸鱈魚白子黃衣天婦羅

【材料】
鱈魚白子　麵粉　黃衣麵糊（蛋黃 1/2 顆份　水 100㎖　馬鈴薯澱粉 80g）　素鹽

【作法】
將鱈魚白子放入鹽水洗淨，切成容易食用的大小。先撒上一層麵粉，再裹上黃衣麵糊。放入 170℃的油鍋炸至金黃酥脆。撒上素鹽即可。

## 炸鮑魚佐海膽

【材料】
鮑魚　生海膽　麵粉　天婦羅麵糊（蛋黃 1/2 顆份　冷水 1 杯　麵粉 1 杯）　素鹽

【作法】
用鹽搓洗鮑魚，取出鮑魚肉，切成薄片。在鮑魚片上放上適量的生海膽。撒上一層麵粉，再裹上天婦羅麵糊，放入 175℃ 的油鍋炸至金黃酥脆。撒上素鹽即可。

## 炸舞動香魚

【材料】
活香魚　麵粉　山椒鹽

【作法】
將活香魚以 S 型串上金屬串，撒上一層麵粉，放入 180℃ 的油鍋炸至金黃酥脆。撒上山椒鹽即。

## 炸鯛魚捲葉牛蒡佐真挽粉

【材料】
鯛魚　鹽　葉牛蒡　麵粉　蛋白　真挽粉*　山椒鹽

【作法】
將鯛魚切成薄片，撒上少許鹽調味。將清洗乾淨的葉牛蒡放在鯛魚片上包捲。撒上麵粉、沾上蛋液、再裹上真挽粉，放入 180℃ 的油鍋炸至金黃酥脆。撒上山椒鹽即可。

＊真挽粉，製作和菓子或是天婦羅的麵糊、炸物料理時常用的糯米粉。

**炸物**

## 炸竹筍夾明蝦

【材料】
煮熟的竹筍　麵粉　明蝦　山椒葉　天婦羅麵糊（蛋黃1/2顆份　冷水1杯　麵粉1杯）素鹽

【作法】
將煮熟的竹筍切成 6～7mm 厚，撒上面粉。明蝦去殼，從腹部剖開，去除背部泥腸，撒上麵粉。在一片筍片上放上明蝦，擺上兩片山椒葉，再用另一片筍片夾住。裹上天婦羅麵糊，放入 175℃ 的油鍋中炸至金黃酥脆，撒上素鹽即可。

## 炸蓮藕饅頭

【材料】
蓮藕　溶解於水的葛根粉　蛋黃醬　鹽　味醂　淡口醬油

【作法】
蓮藕去皮後磨成泥，加入少許溶解於水的葛根粉，放入鍋中慢慢攪拌加熱，使其凝固。加入少許蛋黃醬，並用鹽、味醂和淡口醬油調味。將蓮藕泥用保鮮膜包成茶巾燒狀，放涼後撒上一層麵粉。放入 170℃ 的油鍋炸至金黃酥脆。撒上薄鹽即可。

## 炸海鰻佐玉米毛豆天婦羅

【材料】
海鰻　玉米　毛豆　麵粉　天婦羅麵糊（蛋黃1/2顆份　冷水1杯　麵粉1杯）　山椒鹽

【作法】
用刀將玉米粒切下，用鹽水煮熟後瀝乾水分。毛豆燙煮後，剝殼去薄膜。將鱧魚切細條，與玉米、毛豆混合，撒上麵粉、再裹上天婦羅麵糊。放入 175℃ 的油鍋炸至金黃酥脆。撒上薄鹽即可。

## 炸海鰻山獨活卷

【材料】
海鰻　山獨活　麵粉　天婦羅麵糊（蛋黃1/2顆份　冷水1杯　麵粉1杯）　山椒鹽

【作法】
將海鰻去骨。山獨活去皮後，切成條狀。海鰻皮沾上麵粉、放上山獨活，包捲後用牙籤固定。撒上麵粉，裹上天婦羅麵糊，放入175℃的油鍋炸至金黃酥脆。撒上山椒鹽即可。

## 炸白扇葉牛蒡

【材料】
葉牛蒡　白扇麵糊（蛋白1顆份　水1大匙　馬鈴薯澱粉1/2大匙）　素鹽

【作法】
葉牛蒡去除老葉與硬梗。裹上白扇麵糊，放入170℃的油鍋炸至金黃酥脆、撒上素鹽。白扇麵糊是將蛋白打發，加入水與馬鈴薯澱粉混合均勻而成。

## 炸白魚佐真挽粉

【材料】
白身魚　麵粉　蛋白　真挽粉　素鹽

【作法】
將白身魚浸泡於鹽水中，稍作醃漬後擦乾水分。先撒上一層麵粉，沾上蛋白，最後裹上真挽粉，放入175℃的油鍋炸至金黃酥脆、撒上素鹽。

炸物

## 炸小干貝與鴨兒芹天婦羅

【材料】
小干貝　鴨兒芹　麵粉　天婦羅麵糊（蛋白1/2顆份　冷水1杯　麵粉1杯）

【作法】
將鴨兒芹的葉與莖切成2cm長、與小干貝混合。輕輕撒上麵粉，加入天婦羅麵糊，稍微整成小團狀，放入175℃的油鍋炸至金黃酥脆。

## 炸蠶豆夾明蝦泥

【材料】
蠶豆　明蝦　麵粉　素鹽

【作法】
蠶豆取出、剝去薄膜，再將蠶豆剖成兩半。將明蝦去頭、去殼、去除腸泥，再搗成泥狀。蠶豆外層撒上麵粉，夾入蝦泥後，放入170℃的油鍋炸至金黃酥脆。撒上素鹽即可。

## 炸沙鮻昆布卷

【材料】
沙鮻　昆布　薄削昆布

【作法】
將沙鮻切片，放入昆布內醃漬30分鐘。切成容易食用的大小、包上薄削昆布，放入175℃的油鍋炸至金黃酥脆。

## 炸甜蝦

【材料】
甜蝦　麵粉　蛋黃麵糊（蛋黃 1/2 顆份　水 100㎖　馬鈴薯澱粉 80g）

【作法】
將甜蝦去頭去殼，撒上少許鹽。撒上麵粉、裹上蛋黃麵糊，放入 170℃的油鍋炸至金黃酥脆即可。

## 炸芋頭

【材料】
芋頭　綜合高湯（高湯 10　濃口醬油 1　味醂 1）　麵粉

【作法】
將芋頭削成六角形，用洗米水煮熟後瀝乾水分。放入綜合高湯煮至入味後放涼。均勻撒上麵粉，放入 170℃的油鍋炸至金黃酥脆即可。

## 炸新蓮藕與星鰻蛇籠卷

【材料】
新蓮藕　白燒星鰻　麵粉　天婦羅麵糊（蛋白 1/2 顆份　冷水 1 杯　麵粉 1 杯）　素鹽

【作法】
新蓮藕削成蛇籠狀，泡入鹽水使其變軟，瀝乾水分。將白燒星鰻切成容易食用的大小，包捲新蓮藕，再用海苔固定。撒上麵粉，再裹上天婦羅麵糊，用牙籤固定，放入 175℃的油鍋炸至金黃酥脆。撒上素鹽即可。

# 涼拌菜

## 梅肉拌新蓮藕與白燒鰻魚

【材料】
新蓮藕　酒　白燒鰻魚　梅肉

【作法】
將新蓮藕去皮，切成扇形薄片，清酒稍微煮過。白燒鰻魚切成2cm方塊。將新蓮藕與鰻魚混合，加入梅肉拌勻，即可享用。

## 胡麻涼拌菜豆與山獨活

【材料】
菜豆10根　山獨活50g　胡麻醬（炒過的白芝麻2大匙　高湯4大匙　濃口醬油1大匙）

【作法】
將菜豆切成3cm長的斜段，放入鹽水中汆燙後，瀝乾水分。獨活去皮後切成條狀，泡入醋水，再快速地汆燙過後瀝乾水分。將白芝麻放入研缽、磨成泥狀。加入高湯與醬油，再倒入四季豆與山獨活拌勻。

## 鮑魚清酒煎肝醬拌炒

【材料】
鮑魚　酒　蛋黃　鹽

【作法】
用鹽搓洗鮑魚表面，取出鮑魚肉。將鮑魚肉切成薄片，放入清酒燉煮（清酒煎）。鮑魚肝過篩搗碎。加入蛋黃與鹽，隔水加熱攪拌至顆粒狀，再次過篩。將鮑魚肉與肝醬拌勻即可。

## 白芋莖*與明蝦胡麻奶油拌

【材料】
白芋莖　吸汁八方高湯　明蝦　胡麻奶油醬（芝麻醬5大匙　高湯4大匙　濃口醬油1/2大匙　砂糖1大匙　白味噌1大匙）

【作法】
將白芋莖去皮後，縱向切成適當的粗細，放入加入蘿蔔泥與辣椒的熱水中煮熟，再泡入冷水中。接著將白芋莖綁成束，放入吸汁八方高湯中快速煮沸後瀝乾。待其冷卻後，浸泡於吸汁八方高湯內，並切成4cm長。將明蝦去除背部泥腸，串上金屬串用鹽水燙熟，然後將上身切成與白芋莖相同的長度。最後將白芋莖與明蝦擺盤，淋上胡麻奶油醬即可。

*芋莖，可分為青、赤、白三種，而「白芋莖」則是指海老芋或里芋的葉柄，在莖部變粗時用紙包裹，避免陽光直射而栽培出的品種。常用於燉煮料理、醋漬涼拌菜或涼拌料理。

涼拌菜

## 小芋頭、毛豆與明蝦拌白和風醬

【材料】
小芋頭　吸汁八方高湯　毛豆　明蝦　白和風醬（將 300g 絹豆腐瀝乾水分至 100g，再加入白味噌 2 大匙　鹽 1/4 小匙　芝麻醬 2/3 大匙　砂糖 2/3 大匙　淡口醬油 1/2 小匙　高湯 3 大匙）

【作法】
將小芋頭去皮後，放入洗米水中煮熟，再泡入冷水中，接著用吸汁八方高湯燉煮入味。毛豆用鹽搓洗後，放入鹽水中煮熟，去除薄膜。明蝦去除背部泥腸後串上金屬串，以鹽水煮熟，然後將上身切成 1cm 大小。最後，將小芋頭、毛豆與明蝦拌入白和風醬。白和風醬則是將所有材料放入食物調理機攪拌，混合至細緻順滑即可。

## 竹筍與獨活山椒葉味噌拌

【材料】
燙熟的竹筍　獨活　吸汁八方高湯　山椒葉味噌（玉味噌 500g　山椒葉 1 盒　菠菜泥 1 束份　煮過的清酒 200㎖）

【作法】
將燙熟的竹筍根部的部分備好，切成 5mm 小丁。放入吸汁八方高湯中稍微燉煮，起鍋瀝乾水分後冷卻。獨活切成與竹筍相同大小的小丁，浸泡在醋水中後再煮熟。將竹筍與獨活一起放入吸汁八方高湯中稍微燉煮，然後起鍋瀝乾水分並冷卻，最後拌入山椒葉味噌。山椒葉味噌是將玉味噌、菠菜泥、煮過的清酒充分混合，再加入研磨過的山椒葉攪拌均勻即可。

## 烤茄子拌豆泥

【材料】

千兩茄子* 吸汁八方高湯 毛豆 淡口醬油 鹽 味醂 芥末少許

【作法】

將茄子燒烤後去皮,浸泡在吸汁八方高湯中,然後切成容易食用的長度。毛豆用鹽搓洗後,放入鹽水中燙熟,去除薄膜。將毛豆放入研缽中搗碎,加入淡口醬油、鹽和味醂調味,再拌入芥末,最後與茄子拌勻。

*千兩茄子,產於日本岡山縣,無論顏色、光澤、果肉,各方面都有很高的評價,品質是日本第一。

## 柿子、明蝦與栗子拌白和風醬

【材料】

嫩煙燻鮭魚 山藥 鹽漬鮭魚卵 檸檬汁

【作法】

嫩煙燻鮭魚切成細條,山藥成切小丁。將嫩煙燻鮭魚與山藥拌入鹽漬鮭魚卵,最後加上檸檬汁即可。

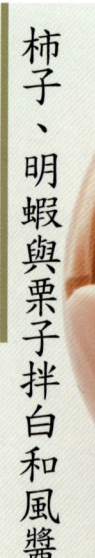

## 新小芋頭拌豌豆

【材料】

新小芋頭 豌豆 吸汁八方高湯

【作法】

將新小芋頭去皮,用洗米水煮熟後,浸泡在清水中。用吸汁八方高湯燉煮。將豌豆用鹽水燙熟,去掉薄膜並過篩。將小芋頭與豌豆攪拌拌勻。

涼拌菜

## 柿子、明蝦與栗子拌白和風醬

【材料】
柿子　明蝦　栗子八方煮（參照 P.72）鮑魚　白和風醬（將 300g 絹豆腐瀝乾水分至 100g，再加入白味噌 2 大匙　鹽 1/4 小匙　芝麻醬 2/3 大匙　砂糖 2/3 大匙　淡口醬油 1/2 小匙　高湯 3 大匙）

【作法】
製作柿子盅，將果肉切成 1.5cm 小丁。明蝦去除背部泥腸，串上金屬串後用鹽水燙熟，將上身切成 1cm 長。栗子八方煮切成四等份。鮑魚用鹽搓洗後，從殼中取出。將鮑魚上身放上白蘿蔔蒸煮約 2 小時後，切成細絲。將明蝦、栗子、柿子用白和風醬拌勻，放入柿子盅中，最後放上鮑魚作為點綴。白和風醬是將所有材料放入食物處理機中攪拌，混合至細緻順滑即可。

## 炙烤星鰻與黃瓜拌芝麻麵糊

【材料】
星鰻　1 杯醬油（清酒與濃口醬油 1：1）
小黃瓜　鹽　昆布　芝麻麵糊（高湯 40㎖　濃口醬油 10㎖　味醂 5㎖　芝麻醬 1 大匙）

【作法】
星鰻去背鰭和黏液後，用炭火燒烤，塗上 1 杯醬油再炙烤，然後切成 4cm 長，再縱向切成細絲。小黃瓜用鹽搓揉後去皮、切成小段，放入加入昆布的鹽水中浸泡 1 小時，然後徹底瀝乾水分。將烤星鰻和切段小黃瓜混合、用芝麻醬拌勻。芝麻麵糊是將所有材料煮沸後冷卻製成的。

## 烤香菇佐獨活與芹菜芝麻拌

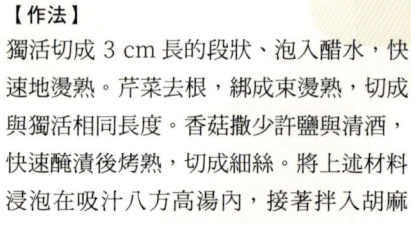

【材料】
獨活　芹菜　香菇　吸汁八方高湯　胡麻醬
（炒過的白芝麻 2 大匙　高湯 4 大匙　濃口醬油 1 大匙）

【作法】
獨活切成 3 cm 長的段狀、泡入醋水，快速地燙熟。芹菜去根，綁成束燙熟，切成與獨活相同長度。香菇撒少許鹽與清酒，快速醃漬後烤熟，切成細絲。將上述材料浸泡在吸汁八方高湯內，接著拌入胡麻醬，最後撒上白芝麻。胡麻醬是將炒過的白芝麻研磨成泥狀，加入高湯與濃口醬油混合即可。

## 醃漬鮪魚磯邊拌＊

【材料】
鮪魚赤身　濃口醬油　烤海苔　白蘿蔔泥　淡口醬油

【作法】
鮪魚切成 1cm 大小的小丁，放入濃口醬油醃漬約 15 分鐘。烤海苔烘乾後揉碎，與白蘿蔔泥拌勻，加入淡口醬油調味。最後將醃好的鮪魚與白蘿蔔泥海苔拌勻即可。

＊磯邊拌，以海苔作為拌醬的和風拌菜。通常使用白身魚、牡蠣、花枝、小黃瓜、芋頭等食材。將切碎的海苔加入山葵醬油等調味料，然後與食材拌勻。亦稱為「海苔拌」。

## 蠶豆拌白和風醬

【材料】
蠶豆　白和風醬（將 300g 絹豆腐瀝乾水分至 100g，再加入白味噌 2 大匙　鹽 1/4 小匙　芝麻醬 2/3 大匙　砂糖 2/3 大匙　淡口醬油 1/2 小匙　高湯 3 大匙）

【作法】
蠶豆去除薄膜，放入鹽水浸泡後，以大火蒸煮約 2 分鐘後放涼備用。最後將蠶豆與白和風醬拌勻即可。白和風醬是將所有材料放入食物處理機中攪拌，混合至細緻順滑即可

# 醋料理

## 水針魚與鳥貝醋漬佐鮭魚卵

【材料】

水針魚　昆布　鳥貝　鹽漬鮭魚卵　土佐醋（三杯醋 5 杯　柴魚片 15g）

【作法】

水針魚的上身浸泡於鹽水後擦乾水分，放入昆布內醃漬約 15 分鐘。鳥貝清洗乾淨，縱向對半切開，水針魚也同樣切開。與鹽漬鮭魚卵拌勻，最後加入少量土佐醋調味。土佐醋是將三杯醋加熱後，加入柴魚片熬煮，過濾後即可使用。三杯醋的比例是醋 3、高湯 3、淡口醬油 1、味醂 1。

## 海鰻南蠻漬

【材料】

海鰻　麵粉　南蠻醋（高湯 600㎖　醋 60㎖　淡口醬油 60㎖　味醂 60㎖　砂糖 1 大匙　鹽少許　鷹爪椒 2 根）

【作法】

海鰻去骨、切成 2cm 寬的塊狀，表面均勻撒上一層麵粉。放入 180℃的油鍋中炸至金黃酥脆，起鍋後不瀝油，直接泡入南蠻醋中。南蠻醋是將所有材料加熱煮沸，靜置冷卻後使用。

## 嫩時蔬與山藥素麵

【材料】

時令蔬菜　山藥　白板昆布　八方醋（高湯 8　淡口醬油 1　醋 1　味醂 1）　山葵　梅肉

【作法】

時令蔬菜汆燙後，立即泡入冷水，再起鍋瀝乾水分。山藥去皮，浸泡於醋水中防止氧化，接著切成 6cm 長的薄片，再縱向切成細絲，最後放入白板昆布內醃漬約 2～3 小時。在食器中擺上時蔬與山藥素麵，淋上八方醋，最後放上山葵與梅肉作為點綴。八方醋是將所有材料加熱煮沸，放涼後使用。

## 赤貝、烤香菇與黃蔥佐芥末醋味噌

【材料】
赤貝 香菇 黃蔥 鹽 醋 芥末 芥末醋味噌（玉味噌 200g 醋 130㎖ 溶解的芥末1大匙）

【作法】
赤貝用鹽搓洗後沖淨，擦乾水分，切成細絲。香菇去除蒂頭後撒上清酒與鹽，炙烤後切成細絲。黃蔥去根，用鹽水汆燙後起鍋、撒上少許鹽放涼，搓洗去除黏液、切成4cm長。將赤貝、烤香菇、黃蔥用醋洗過，再充分擠乾水分，拌入芥末醋味噌。芥末醋味噌是將材料放入研缽中充分研磨混合而成。

## 菠菜、金耳菇、鴻喜菇與食用菊花佐柚子醋拌

【材料】
菠菜 黃金菇 鴻喜菇 食用菊花 清酒 吸汁八方高湯 柚子醋醬油（橙醋 270㎖ 柚子醋 180㎖ 煮過的清酒 100㎖ 煮味醂 190㎖ 濃口醬油 400㎖ 溜醬油 90㎖ 醋 45㎖ 柴魚片 15g 昆布 10g）醋橘汁 濃口醬油 味醂 高湯

【作法】
菠菜去掉根部後汆燙，切成4cm長。將黃金菇與鴻喜菇去掉蒂頭並拆散。將食用菊花拆散後，放入加少許醋的熱水中燙熟然後過水，再浸泡在吸汁八方高湯中。將黃金菇與鴻喜菇用清酒炒香後，加入菠菜拌勻，然後離火。待稍微冷卻後，以柚子醋醬油、醋橘汁、濃口醬油、味醂與高湯調味。最後盛入柚子盅內，並放上食用菊花作為點綴。柚子醋醬油是將所有材料混合後靜置1週，過濾後使用。

醋料理

## 芥末蓮藕根

【材料】
新鮮蓮藕根　甜醋（水2杯　醋1杯　砂糖100g　鹽10g）　蛋黃　砂糖　鹽　加水溶解的芥末　檸檬汁

【作法】
將新鮮蓮藕根削成花形，浸泡於醋水中，然後在加少許醋的熱水中汆燙，撈起後浸泡於甜醋中靜置半日。將蛋黃過篩後，加入砂糖與鹽調味，再混合芥末醬與檸檬汁，攪拌均勻後填入蓮藕的孔洞中，最後切成5mm厚的片狀。甜醋則是將所有材料混合加熱，待砂糖與鹽完全溶解後離火、放涼而成。

## 醋漬新生薑

【材料】
新鮮生薑　實山椒　甜醋（水2杯　醋1杯　砂糖100g　鹽10g）

【作法】
生薑去皮後薄切，快速汆燙後放涼。將生薑放入甜醋內，並加入已燙熟的實山椒一同醃漬。甜醋是將所有材料加熱至砂糖與鹽溶解，離火後放涼備用。

## 醋拌蒲燒鰻與黃瓜

【材料】
蒲燒鰻　小黃瓜　薑絲　土佐醋（三杯醋5杯　柴魚片15g）　白芝麻

【作法】
將烤鰻魚切成2cm見方的小丁。小黃瓜以鹽搓洗，薄切小片，放入淡鹽水中浸泡後瀝乾水分。將鰻魚與小黃瓜盛盤，淋上土佐醋，最後撒上細切生薑絲與白芝麻作為點綴。
土佐醋的製作是先將三杯醋加熱，加入大量柴魚片後過濾而成。三杯醋的比例為醋3、高湯3、淡口醬油1、味醂1。

## 蛤蜊味噌拌

【材料】
蛤蜊肉 油豆皮 黃蔥 鹽 醋 芥末 芥末醋味噌（玉味噌 200g 醋 130㎖ 加水溶解芥末 1 大匙）

【作法】
將蛤蜊放入水中加熱，待其開口後，直接放涼，取出蛤蜊肉。炸豆皮先以熱水去除多餘油分，然後用炭火稍微燒烤至表面呈現金黃色，接著切成短條狀。將黃蔥綁成一束燙熟，起鍋後瀝乾、撒上少許鹽放涼，切成 4cm 長。將蛤蜊與黃蔥用醋稍微沖洗，擠乾水分後，與油豆皮一同拌入芥末醋味噌。芥末醋味噌是將所有材料放入研缽中充分研磨混合而成。

## 鮟鱇魚肝佐柑橘醋

【材料】
鮟鱇魚肝 吸汁八方高湯 柚子醋醬油（橙醋 270㎖ 柚子醋 180㎖ 煮過的清酒 100㎖ 煮的味醂 190㎖ 濃口醬油 400㎖ 溜醬油 90㎖ 醋 45㎖ 柴魚片 15g 高湯昆布 10g）紅葉蘿蔔泥（混入切碎辣椒的蘿蔔泥）切碎的蔥花

【作法】
鮟鱇魚肝處理乾淨並去除血水，切成約 100g 大小的塊狀。將鮟鱇魚肝放入碗中，放入加熱過的湯汁，蓋上保鮮膜，以大火蒸煮約 20 分鐘後放涼。從湯汁中取出後，切成容易食用的大小，擺入食器中，淋上柚子醋醬油，並搭配紅葉蘿蔔泥與蔥花。柚子醋醬油是將所有材料混合後靜置 1 週，再過濾製成的。

## 螢烏賊佐芥末醋味噌

【材料】
螢烏賊 醋 芥末 芥末醋味噌（玉味噌 200g 醋 130㎖ 加水溶解的芥末 1 大匙）

【作法】
螢烏賊清理後，以醋洗去雜質。將芥末醋味噌淋在螢烏賊上即可。芥末醋味噌是將所有材料放入研磨缽中，充分研磨混合而成。

醋料理

## 醋拌沙鮻菊花蘿蔔泥

## 比目魚錦絲卷

【材料】
比目魚　鹽　醋　食用菊花（黃色）　食用菊花（紫色）　土佐醋（三杯醋 5 杯　柴魚片 15g）　蛋絲　烤海苔　菠菜葉　甜醋薑（參照 P.157）

【作法】
將比目魚的上身去皮，撒上大量食鹽醃漬約 30 分鐘後，以清水洗淨，接著浸泡於醋中約 15 分鐘，再切成薄片。食用菊花黃色與食用菊花紫色剝開後，分別放入加少許醋的熱水中汆燙，隨即泡入冷水中冷卻，瀝乾水分後再浸泡於土佐醋中。菠菜以鹽水燙熟。在捲簾上鋪上蛋絲與烤海苔，將菠菜葉攤開鋪在前方，然後依序擺上比目魚片、食用菊花黃色、食用菊花紫色、與甜醋薑，接著包捲並壓緊。靜置片刻後，切成容易食用的大小。土佐醋的配方為：醋 3、高湯 3、淡口醬油 1、味醂 1。

【材料】
沙鮻　玉清酒（等量清酒與水，加少許鹽）　昆布　蘿蔔泥　食用菊花（黃色）　食用菊花（紫色）　土佐醋（三杯醋 5 杯　柴魚片 15g）　蛋黃醋（土佐醋 100㎖　蛋黃 4 顆）　鹽漬鮭魚卵

【作法】
將去骨的沙鮻浸泡於玉清酒中，然後去皮，再放入昆布中醃漬約 15 分鐘後，切成細條狀。將蘿蔔泥瀝乾水分，加入以少許醋水燙過的食用菊花黃色與食用菊花紫色，混合後以土佐醋調味。再加入醃漬過的沙鮻拌勻，盛入食器後淋上蛋黃醋，最後撒上鹽漬鮭魚卵作為點綴。土佐醋是將三杯醋加熱，加入柴魚片增添風味後過濾而成。黃蛋醋則是將土佐醋與蛋黃混合後，隔水加熱攪拌至滑順，最後放入冰水中冷卻而成。

## 利久麩與干貝白醋拌

【材料】
利久麩　吸汁八方高湯　干貝柱　鹽　白醋醬（將300g 絹豆腐瀝乾水分至150g，再加醋1大匙　芝麻醬1/2大匙　白味噌2大匙　鹽1/2小匙　砂糖1½大匙　淡口醬油1/2小匙　味醂1小匙）　枸杞

【作法】
將利久麩進行去油處理後，切成薄圓片，並用吸汁八方高湯稍微燉煮備用。干貝柱先清理乾淨，切成5mm厚的小橢圓片，撒上少許鹽，稍微炙烤後縱向對半切開。將利久麩與干貝柱拌上白醋醬，最後撒上枸杞作為點綴。白醋醬的製作方式是將所有材料放入食物處理機攪拌，直到醬汁變得細膩滑順。

## 芥末醋味噌拌佐鳥貝與黃蔥卷

【材料】
鳥貝　黃蔥　醋　鹽　土佐醋（三杯醋5杯　柴魚片15g）　芥末醋味噌（玉味噌50g　醋2大匙　土佐醋2大匙　加水溶解的芥末1小匙

【作法】
將鳥貝清理乾淨後，用醋水清洗。黃蔥綁成一束燙煮後，瀝乾放入濾網，撒上少許鹽放涼，接著切成4cm長，再以醋水清洗。使用鳥貝將黃蔥捲起，對半切開，淋上適量的土佐醋，最後再搭配芥末醋味噌。土佐醋的製作方式為將三杯醋加熱，然後加入柴魚片進行增味後再過濾。三杯醋的比例為：醋3、高湯3、淡口醬油1、味醂1。芥末醋味噌則是將所有材料放入研磨缽中，充分研磨混合而成。

醋料理

## 炙燒鯛魚白子佐蛋黃醋

【材料】
鯛魚白子　清酒　鹽　蛋黃醋（土佐醋100㎖　蛋黃4顆）　紫蘇花穗

【作法】
以清酒洗淨鯛魚白子後，撒上少許鹽，放入炭火燒烤，然後切成容易食用的大小。淋上蛋黃醋，最後放上紫蘇花穗作為點綴。蛋黃醋是將土佐醋與蛋黃混合，隔水加熱攪拌至滑順，再放入冰水中冷卻。

## 炸小香魚南蠻漬

【材料】
小香魚　麵粉　南蠻醋（高湯300㎖　醋50㎖　砂糖2大匙　淡口醬油2大匙　味醂2大匙　鹽1/2大匙　酒1大匙　鷹爪椒2根）

【作法】
將小香魚均勻裹上麵粉，然後放入175℃的油鍋炸至金黃酥脆。南蠻醋是將所有南蠻醋材料加熱煮沸後，放涼備用。

## 花形蓮藕甜醋漬

【材料】
新鮮蓮藕　甜醋（水2杯　醋1杯　砂糖100g　鹽10g）

【作法】
將新鮮蓮藕削成花形後，浸泡在醋水中。放入加入少許醋的熱水中燙熟，然後起鍋瀝乾水分、再放入甜醋中醃漬半天。甜醋是將材料混合加熱至糖與鹽完全溶解後，離火放涼。

## 大葉擬寶珠佐芥末醋味噌

【材料】
大葉擬寶珠　吸汁八方高湯　芥末醋味噌（玉味噌200g　醋130㎖　芥末醬1大匙）

【作法】
將大葉擬寶珠由根部放入鹽水汆燙，起鍋後沖冷水冷卻、再放入吸汁八方高湯中醃漬。切成5cm長，淋上芥末醋味噌。芥末醋味噌是將所有材料放入研缽中，充分研磨混合而成。

## 時蔬白玉蘿蔔佐和風醋

【材料】
時令蔬菜　白蘿蔔粉　水　調味醋（高湯8　醋1　淡口醬油1　味醂1）　梅肉

【作法】
將時令蔬菜快速汆燙，撈起後泡入冷水，瀝乾水分切好備用。將白蘿蔔粉加水揉成糰狀、整成丸子形後煮熟，瀝乾水分。調味醋是將所有調味醋材料煮至沸騰後放涼。將時令蔬菜與白玉丸子放入食器內、倒入和風醋，最後搭配梅肉作為點綴。

## 山藥素麵佐生海膽

【材料】
山藥　白板昆布　生海膽　山葵　土佐醋（三杯醋5杯　柴魚片15g）

【作法】
將山藥去皮，切成細絲狀。再放入白板昆布中，醃漬20分鐘增添風味。將山藥絲盛入食器中，放上生海膽與山葵，最後淋上土佐醋。土佐醋是將三杯醋加熱，並加入柴魚片，過濾後即可使用。三杯醋的配方是醋3、高湯3、淡口醬油1、味醂1。

132

醋料理

## 白身魚南蠻漬

【材料】
白身魚　長蔥　麵粉　南蠻醋（高湯 300 ㎖ 醋 50㎖　砂糖 2 大匙　淡口醬油 2 大匙　味醂 2 大匙　鹽 1/2 大匙　酒 1 大匙　鷹爪椒 2 根）

【作法】
將白身魚泡入鹽水後，擦乾水分並均勻撒上麵粉。放入 170℃的油鍋中，炸至金黃酥脆。長蔥切成適當長度，放入鍋中煎至表面呈金黃色。將炸好的白魚與煎好的長蔥浸泡於南蠻醋中。南蠻醋是將所有材料加熱至沸騰後離火備用。

## 白芋莖佐蛋黃醋

【材料】
白芋莖　吸汁八方高湯　蛋黃醋（土佐醋 100㎖　蛋黃 4 顆份）

【作法】
白芋莖削去外皮，縱向切成適當粗細的條狀。放入加入蘿蔔泥與鷹爪椒的熱水中煮沸後起鍋、瀝乾水分。將瀝乾的白芋莖綁成一束，放入吸汁八方高湯中迅速地汆燙後，起鍋瀝乾。放涼後以吸汁八方高湯醃漬，再切成 4cm 長。將蛋黃醋淋在白芋莖上。蛋黃醋是將上佐醋與蛋黃混合，隔水加熱攪拌至質地細膩滑順後，再放入冰水中冷卻。

醋料理

## 生薑醋拌梭子蟹

單用生薑醋也很好,但淋上蛋黃醋一起享用,會更加令人喜愛。

【材料】
梭子蟹 生薑醋(土佐醋 生薑汁 鴨兒芹)

【作法】
將梭子蟹去殼後洗淨,取出蟹黃另外擺放,撒上少許鹽後蒸20分鐘。放涼後取出蟹肉,與蟹黃一起拌入生薑醋調味,最後搭配燙熟的鴨兒芹的莖作為點綴。

## 飯蛸佐芥末醋味噌

【材料】
飯蛸(小章魚) 濃口醬油 醋 黃蔥 鹽 吸汁八方高湯 芥末醋味噌(玉味噌200g 醋130ml 加水溶解的芥末1大匙)

【作法】
將飯蛸清洗乾淨,分離頭部與觸手。在熱水中加入濃口醬油與醋,先放入頭部燙煮,快熟時,再放入觸手煮2～3分鐘後起鍋放涼。黃蔥去根後用鹽水燙熟,起鍋後撒上少許鹽放涼,打成結狀再浸泡於吸汁八方高湯中。擺上打結的黃蔥,將飯蛸的頭部切成圓片狀,觸手劃上刀花後擺盤,最後淋上芥末醋味噌。芥末醋味噌是將所有材料放入研缽中,充分研磨混合而成。

## 浸物

### 迷你秋葵醃漬

【材料】
迷你秋葵　醃漬高湯（高湯 500㎖　鹽 1/2 小匙　清酒 1 小匙）

【作法】
秋葵清洗後去除蒂部、用鹽水汆燙。煮熟後放入煮沸冷卻的醃漬高湯中，浸泡入味即可。

### 紅葉紅蘿蔔

【材料】
金時紅蘿蔔　吸汁八方高湯

【作法】
將金時紅蘿蔔切成紅葉形狀，再切成薄片。燙熟後泡入吸汁八方高湯，吸收風味。

### 金針菇、鴻喜菇與茼蒿浸煮

【材料】
金針菇　鴻喜菇　茼蒿　清酒　浸泡湯汁（高湯 6　濃口醬油 1　味醂 1/3）醬油漬鮭魚卵（參照 P.145）

【作法】
將金針菇、鴻喜菇、茼蒿清理乾淨並分開處理。茼蒿先快速燙煮後，切成 4cm 長備用。鍋中倒入清酒加熱去除酒精，然後將金針菇與鴻喜菇放入鍋中拌炒，使其吸收酒香。接著加入茼蒿，一同放入碗中盛裝，最後淋上醬油醃漬鮭魚卵即完成。

## 萬願寺甜辣椒燒浸煮

【材料】
萬願寺甜辣椒（紅色與綠色） 醃漬高湯（高湯 10　濃口醬油 1/2　淡口醬油 1/2　味醂 1）

【作法】
將萬願寺辣椒切除蒂頭，去除內部種子。放入烤箱將辣椒烤熟。再放入煮沸後冷卻的醃漬高湯中，靜置入味。

## 醃漬荷蘭豆

【材料】
荷蘭豆　醃漬高湯（高湯 500㎖　鹽 1/2 小匙　清酒 1 小匙）

【作法】
先去掉荷蘭豆兩端、拔除硬絲。放入滾水汆燙後，再放入煮沸後冷卻的醃漬高湯中，靜置入味。

## 醃漬青豌豆

【材料】
青豌豆　醃漬高湯（高湯 500㎖　鹽 1/2 小匙　清酒 1 小匙　淡口醬油 1/4 小匙　味醂 1 小匙）

【作法】
將青豌豆放入鹽水中汆燙，起鍋後瀝乾水分。再放入煮沸後冷卻的醃漬高湯中，靜置入味。

浸物

## 涼拌山葵花與干貝

【材料】
山葵花　砂糖　三杯醋（醋3　高湯3　淡口醬油1　味醂1）　干貝柱　鹽

【作法】
將山葵花淋上熱水，撒上少許砂糖，稍微搗碎以去除多餘水分。接著放入密閉容器中，倒入三杯醋浸泡半天，以激發其辛辣風味。干貝柱清洗乾淨後，修整成橢圓形，撒上薄鹽，快速地炙烤後再切成細條。將山葵花與干貝柱修整為相同長度，擺盤盛裝。三杯醋是將調味材料加熱沸騰後冷卻製成的。

## 醃漬菜豆

【材料】
菜豆　醃漬高湯（高湯500㎖　鹽1/2小匙　清酒1小匙）

【作法】
先修整菜豆兩端、去除硬絲後用鹽水汆燙。再放入煮沸後冷卻的醃漬高湯中，靜置入味。

## 芥末拌油菜花

【材料】
油菜花　吸汁八方高湯　醬汁（高湯10　淡口醬油1/2　味醂1　鹽少許　加水溶解的芥末適量）

【作法】
將油菜花洗淨後，放入鹽水中燙熟。接著浸泡於吸汁八方高湯中，再放入加入芥末攪拌均勻的醬汁後取出。

# 魚漿料理、什錦料理、捲壽司類

## 明蝦皮捲白芋莖

【材料】
明蝦　吸汁八方高湯　白芋莖

【作法】
將明蝦汆燙後去腥，然後將蝦肉從腹部剖開，撒上馬鈴薯澱粉，夾入保鮮膜中敲打延展。接著再放入熱水燙熟後，浸泡於吸汁八方高湯中。白芋莖去皮後，縱向切成適當粗細，放入加有蘿蔔泥與鷹爪椒的熱水中燙煮，然後浸泡冷水。接著綁成1束，放入吸汁八方高湯中快速地煮沸後起鍋，冷卻後再次浸泡於吸汁八方高湯，再切成適當長度。最後將白芋莖包入延展的蝦肉中即完成。

## 明蝦與水針魚手綱捲

【材料】
黃味壽司餡（山藥　砂糖　鹽　醋　蛋黃）
明蝦　水針魚　菠菜莖　吉野醋（將甜醋中加入葛根粉勾芡）

【作法】
將山藥切成適當大小後蒸熟，並過篩搗成泥。以砂糖、鹽、醋調味後，加入蛋黃，放入鍋中加熱攪拌至濃稠狀，製成黃味壽司餡。明蝦去除泥腸，串上金屬串，並用鹽水煮熟後取出、去殼並剖開腹部。水針魚切成三片，去除腹骨和魚皮，並拔除中骨，將魚片浸泡於鹽水中，擦乾水分，切成與明蝦相同的長度。將明蝦與水針魚用醋清洗。在壽司捲簾上鋪一層保鮮膜，斜角排列明蝦與水針魚，放上細長條狀的黃味壽司餡，從手邊開始捲起，用橡皮筋固定，靜置半日。食用前切成適當大小，並塗上吉野醋。

## 豌豆芝麻豆腐

【材料】
芝麻豆腐（參照 P.140） 豌豆

【作法】
將豌豆用鹽水燙熟後過篩搗成泥。按照 P.108 的方法製作芝麻豆腐，在攪拌完成時，加入過篩的豌豆泥混合均勻。取適量的豌豆芝麻豆腐糊，放入保鮮膜中，然後擰緊收口成茶巾燒。

## 百合根南瓜茶巾燒

【材料】
百合根　栗子南瓜　鹽　淡口醬油　味醂　砂糖

【作法】
將百合根剝開，以鹽水燙熟後過篩搗成泥。栗子南瓜去皮後蒸熟，加入鹽、淡口醬油、味醂、砂糖調味，然後放入鍋中攪拌收乾後冷卻。取等量的百合根泥與南瓜泥，包入紗布中，擰緊收口成茶巾燒。

## 百合根與青豆二色茶巾燒

【材料】
百合根　豌豆　梅肉

【作法】
百合根清理乾淨後，以鹽水燙熟後過篩搗成泥。豌豆用鹽水燙熟，冷卻後剝皮，再過篩搗成泥。取等量的百合根泥和豌豆泥，包入紗布中擰緊收口成茶巾燒，最後在上面裝飾梅肉。

## 胡麻豆腐

【材料】

芝麻豆腐（昆布高湯10　清酒1　吉野葛根粉1　芝麻醬少許　鹽少許）　明蝦　生海膽　芥末　調和醬油（濃口醬油與高湯等量混合）

【作法】

將昆布高湯、清酒、吉野葛根粉混合，並用小火慢慢攪拌至濃稠。最後加入芝麻醬和鹽調味，繼續攪拌後，用保鮮膜擠成茶巾燒。明蝦去除泥腸，用鹽水燙熟後，去頭、尾和殼。將芝麻豆腐盛入食器中，放上明蝦，再放上生海膽做為裝飾，最後加入山葵，並搭配醬油享用。

## 章魚南瓜茶巾燒

【材料】

軟煮章魚（參照P.54）　栗子南瓜　毛豆　砂糖　鹽　淡口醬油　清酒

【作法】

將軟煮章魚切成適合食用的大小。栗子南瓜切成適當大小，去籽、剝皮後蒸至軟化並過篩。過篩後放入鍋中，加入少量的砂糖、鹽、淡口醬油和清酒調味，繼續攪拌至稍微變稠，然後離火冷卻。將毛豆用鹽輕輕搓揉後燙熟，並去除薄膜。將南瓜做成丸形放在紗布上，放上軟煮章魚，再放上毛豆，最後捏成茶巾燒。

## 鮟鱇魚肝凍

【材料】

鮟鱇魚肝　吸汁八方高湯　吉利丁片　調味高湯（高湯 8　濃口醬油 1　味醂 1　清酒 1　砂糖少許）　剁碎的香辛料

【作法】

將鮟鱇魚的魚肝洗淨並去血，切成 100g 大小。將魚肝和加熱過的吸汁八方高湯放入碗中，蓋上保鮮膜，用大火蒸煮約 20 分鐘，再用調味高湯煮熟。在 200 ㎖的湯汁中加入 10g 吉利丁，煮溶後冷卻。在模型中放入魚肝，再倒入湯汁，冷卻凝固。最後搭配剁碎的香辛料一同享用。

## 櫻花豆腐拌柚子味噌

【材料】

芝麻豆腐（昆布高湯 10　清酒 1　吉野葛根粉 1　芝麻醬少許　鹽少許）　鹽漬櫻花葉　柚子味噌（玉味噌　柚子味噌的皮與柚子汁）　櫻花葉

【作法】

將昆布高湯、清酒和吉野葛根粉混合後，用小火慢慢攪拌。最後加入芝麻醬和鹽來調味，然後放入經過鹽水處理的櫻花，並用保鮮膜包裹成茶巾燒。搭配柚子味噌，再用櫻花葉包裹起來。柚子味噌的做法是將玉味噌加入磨碎的柚子皮和柚子汁，再用研缽搗拌均勻製作而成。

## 南瓜茶巾燒拌黑毛豆泥

【材料】

栗子南瓜　鹽　淡口醬油　味醂　砂糖　黑毛豆

【作法】

將栗子南瓜去皮蒸熟後過篩，加入鹽、淡口醬油、味醂和砂糖調味，然後放入鍋中攪拌至濃稠。將栗子南瓜泥倒入平盤中冷卻，再用鹽水煮過的黑毛豆搭配，再整形成茶巾燒。

# 生魚片

## 比目魚鹽吹昆布＊

【材料】
比目魚　鹽吹昆布　紫蘇葉　茗荷

【作法】
將比目魚身切成細條。加入細切的鹽吹昆布、切細的紫蘇葉和茗荷一起拌勻即可。

＊鹽吹昆布，是將切成方塊或細絲的昆布以鹽和醬油煮製而成的食品，或者是將其熬煮至水分收乾，使表面形成鹽霜的加工品。

## 鯛魚昆布捲

【材料】
鯛魚　鹽　昆布　紫蘇葉　山葵

【作法】
將鯛魚的魚身切成稍厚的斜切片。將切好的鯛魚片上撒上薄鹽，再放入昆布中醃漬約1小時。放上裝飾配料即完成。

## 秋鯖魚醋漬

【材料】
鯖魚　鹽　醋　紫蘇花穗　紫高麗菜芽　白蘿蔔泥　山葵　醋橘

【作法】
將鯖魚切成三片並去除腹骨與中骨。在魚片上撒上大量的鹽後靜置3小時，然後沖洗乾淨，再放入醋中醃漬1小時。撕去魚皮，並切成平整的片狀，在腹部處劃上刀花裝飾。放上裝飾配料即完成。

生魚片

## 星鰻苗昆布漬

【材料】
星鰻苗　昆布　土佐醋（三杯醋5杯　柴魚片15g）

【作法】
將星鰻苗浸泡在鹽水中醃漬，擦乾水分後，再放入昆布中醃漬約1小時。搭配土佐醋享用。土佐醋是將三杯醋加熱後，加入追加的柴魚片提味並過濾而成。三杯醋的配方是醋3、高湯3、淡口醬油1、味醂1。

## 劍烏賊拌納豆

【材料】
劍烏賊　納豆　濃口醬油　山葵

【作法】
將劍烏賊的魚身切成細絲。納豆用菜刀切碎後與切好的劍烏賊絲混合，加入濃口醬油和山葵調味。

## 金桔釀鮭魚卵

【材料】
鹽鮭魚卵　金桔

【作法】
將金桔切開去除內部果肉，作成金柑盅。將鹽鮭魚卵填入金柑盅內。

## 海鰻湯引

【材料】
海鰻　梅肉

【作法】
將海鰻切成 2cm 長後去骨，汆燙後放入冷水中冷卻。擦乾水分、擺上梅肉來增添風味。

## 劍烏賊拌鮭魚卵

【材料】
劍烏賊　鹽鮭魚卵

【作法】
將劍烏賊切成細絲。與鹽鮭魚卵混合均勻。

## 劍烏賊拌內臟

【材料】
劍烏賊　劍烏賊內臟

【作法】
將劍烏賊切成細絲，並將其放入食器中。將劍烏賊內臟淋在劍烏賊絲上。

# 生魚片

## 薄切紅葉鯛與切絲劍烏賊

【材料】
紅葉鯛　劍烏賊　紫蘇　南瓜切片　食用菊花（紫色）　山葵　醋橘　生魚片醬油　橙醋醬油

【作法】
將紅葉鯛切片，劍烏賊切成細絲。擺盤時加入南瓜切片、紫蘇葉、山葵、添加生魚片醬油和橙醋醬油，並用食用菊花紫色做為裝飾。

## 生筋子醬油漬鯛魚昆布漬、黃菊、青竹盛

【材料】
生筋子　清酒　醃料（高湯4　醬油1　清酒1　味醂1）　鯛魚　昆布　黃菊　檸檬皮

【作法】
將生筋子放入45℃的溫水中浸泡，並用手輕輕搓揉使其散開。接著在流水下反覆搓洗，直到水變清澈。瀝乾後用清酒清洗魚卵，再放上濾網瀝乾，並稍微浸泡醃料後瀝乾。最後，將魚卵放入經過煮沸後冷卻的醃料中醃製。鯛魚的上身去皮後，先包上昆布進行30分鐘的醃製，接著以薄削切法切片。將醃製好的鯛魚與醬油漬鮭魚卵盛放於青竹容器中，最後撒上新鮮黃菊作為點綴，並灑上少許柚子皮增添香氣。

# 蒸物

## 星鰻玉子獻珍蒸*

使用星鰻捲入玉子獻珍（蛋料理）後蒸製而成，星鰻入口即化的口感也是其魅力之一。

**【材料】**
玉子獻珍蒸（參照 P.148）　星鰻　綜合調味料（高湯 3　清酒 3　淡口醬油 1/2　砂糖適量　鹽少許）　煮汁

**【作法】**
「玉子獻珍蒸」依照 P.148 的方法製作。星鰻剖開後洗淨，以高湯燉煮 25 分鐘。將星鰻的皮面朝上，撒上適量麵粉，在尾端放上玉子獻珍後，用星鰻包捲。以中火蒸 7～8 分鐘，蒸好後刷上煮汁。

＊獻珍蒸，將切碎的蔬菜與豆腐炒香並調味，或以醬油、味醂等燉煮後，填入去除中骨的背開白身魚內，然後蒸製的料理。通常會淋上葛根粉勾芡的醬汁，填餡時有時也會使用雞蛋作為黏合劑。

## 蒸海膽玉子豆腐

**【材料】**
雞蛋 5 顆　高湯 20㎖　鹽 1/3 小匙　淡口醬油 1/3 小匙　味醂 1 小匙　生海膽適量

**【作法】**
將雞蛋打散，與高湯、鹽、淡口醬油、味醂一起放入鍋中攪拌。當蛋液開始凝固時離火、將蛋液倒入模具中，放上生海膽，再以中火蒸煮 12 至 13 分鐘。

蒸物

## 馬頭魚道明寺蒸裹櫻花葉

【材料】
馬頭魚　鹽　昆布　道明寺粉　吸汁八方高湯　清酒　櫻花葉

【作法】
在馬頭魚的上身撒上薄鹽，靜置1小時。用水沖洗後擦乾水分、切成魚片，並將其放入昆布中醃漬約30分鐘。將道明寺粉放入碗中，加入等量的吸汁八方高湯和少許水，再加入食用色素紅色攪拌均勻，蓋上保鮮膜，靜置30分鐘，然後以大火蒸煮5分鐘。將蒸好的馬頭魚放入蒸盤中，灑上少許清酒，並以大火蒸煮2分鐘。將蒸好的道明寺粉放在馬頭魚上，再蒸煮3至4分鐘，最後用櫻花葉包裹。

## 合鴨鹽蒸

【材料】
合鴨胸肉　洋蔥　鹽　胡椒　清酒

【作法】
在鴨肉的皮面用刀劃上細小的刀花，然後放入平底鍋中將皮面煎至金黃，去除多餘的油脂。將切成圓片的洋蔥鋪在蒸盤底部，放上鴨肉，撒上鹽、胡椒和清酒，並將切好的洋蔥片蓋在鴨肉上，蒸煮約15分鐘。

## 玉子献珍蒸

【材料】
玉子蛋液（蛋 5 顆　高湯 30㎖　鹽 1/4 小匙　砂糖 2 大匙　淡口醬油 1/2 小匙　味醂 1 小匙）　香菇　木耳　紅蘿蔔　豌豆　吸汁八方高湯　加水溶解的馬鈴薯澱粉 1 大匙

【作法】
將香菇切成薄片、木耳切成細條、紅蘿蔔切成細絲。香菇、木耳、紅蘿蔔快速汆燙後，放入吸汁八方高湯中浸泡。豌豆用鹽水燙熟。將雞蛋與高湯、鹽、糖、淡口醬油和味醂混合，放上爐火加熱並攪拌。當其開始凝固時，加入豌豆、紅蘿蔔、香菇和木耳，再放入加水溶解的馬鈴薯澱粉，離火並冷卻。將混合物倒入模具中，以中火蒸煮 14 至 15 分鐘即可。

## 星鰻柳川蒸*

【材料】
星鰻　星鰻的煮汁（高湯 300㎖　清酒 300㎖　淡口醬油 80㎖　味醂 100㎖　砂糖 1/2 大匙）煮熟的竹筍　紅蘿蔔　豌豆　百合根　吸汁八方高湯　蛋　高湯　淡口醬油　味醂　砂糖　鹽　加水溶解的馬鈴薯澱粉

【作法】
將星鰻去除背鰭，並在皮面上淋熱水以去除黏液，然後放入煮汁中燉煮約 20 分鐘。將燙熟的竹筍和紅蘿蔔切成細絲，稍微汆燙後，用吸汁八方高湯燉煮。青豌豆用鹽水燙熟，百合根則剝散後用鹽水煮熟。將雞蛋與其數量 20% 的高湯混合，加入淡口醬油、味醂、砂糖和鹽調味，然後用中火攪拌加熱。當蛋液開始凝固時，加入切成容易食用的大小的煮星鰻及各種蔬菜攪拌混合。當蛋液約半凝固時，加入少量加水溶解的馬鈴薯澱粉攪拌，倒入模具中，以中火蒸煮 10 至 15 分鐘。

＊柳川蒸，又稱鰻魚蒸籠蒸，日本福岡縣柳川市的名菜。這是一道將裹上醬汁調味的米飯上，放上蒲燒鰻魚和蛋絲再用蒸籠蒸製的料理。

## 蒸物

### 蒸馬頭魚湯葉卷

【材料】
馬頭魚　鹽　山藥泥　引上湯葉　吸汁八方高湯　銀餡＊（高湯 240㎖　濃口醬油 10㎖　淡口醬油 10㎖　味醂 20㎖　加水溶解的葛根粉）

【作法】
將去骨處理好的馬頭魚撒上薄鹽，靜置 1 小時。之後以清水沖洗、擦乾水分並切成薄片。山藥磨成泥，加入食鹽調味。將引上湯葉攤開，放上一片馬頭魚，塗抹山藥泥後，再覆蓋另一片馬頭魚包裹起來。以大火蒸煮 6 分鐘，接著浸漬於吸汁八方高湯中，最後淋上銀餡享用。

＊銀餡，是日本料理中常用於蒸物等料理上的餡汁之一。它是以不改變顏色為原則調味的高湯，並用水溶吉野葛粉或馬鈴薯澱粉勾芡，使其呈現滑順濃稠的質地。主要使用食鹽調味，並搭配淡口醬油、日本酒與味醂來增添風味。

### 鰻玉子獻珍蒸

【材料】
玉子獻珍蒸（參照 P.148）　蒲燒鰻魚

【作法】
按照玉子獻珍蒸的方法製作玉子獻珍，倒入模具中。將鰻魚的皮面撒上薄薄的麵粉，並將皮面朝下擺放在玉子獻珍上。用中火蒸煮 14～15 分鐘，直到蒸熟。

蒸物

## 鹽蒸小芋頭

【材料】
蒸熟的小芋頭　清酒　鹽　黑芝麻

【作法】
將小芋頭的蒂頭切除後洗淨，在中間劃一圈淺刀花。放在鋪有昆布的蒸籠內，撒上清酒和鹽後蒸熟。剝去外皮，最後撒上炒熟的黑芝麻。

## 松葉蟹海膽蒸豆腐

【材料】
蛋　高湯　淡口醬油　鹽　味醂　松葉蟹肉　生海膽　豌豆

【作法】
將雞蛋打散，加入少量高湯、淡口醬油、鹽和味醂調味。將蛋液倒入鍋中，以中火加熱攪拌，待稍微凝固後，加入處理好的松葉蟹肉、生海膽，以及用鹽水煮熟後浸泡冷水的豌豆，快速地攪拌勻。將混合物倒入模具中，以中火蒸煮 10 分鐘。

# 開胃菜

## 鹽辛＊北魷

【材料】
北魷　鹽

【作法】
將北魷沖洗乾淨，去除足部和內臟，將上身與內臟分開。從內臟中取出肝臟，撒上大量的鹽，放上濾網再放入冰箱冷藏一晚。隔天將肝臟過篩，並將其與切細的魷魚上身混合，放置一天後食用。

＊鹽辛，是流行於日本與朝鮮半島一帶的漬物，將魚類、蝦、章魚等海鮮及其內臟，以、鹽、酒麴…等，加上食材自帶的微生物發酵而成。

## 別甲玉子（味噌醃蛋黃）

【材料】
蛋　味噌醃料（白味噌7　紅味噌3　清酒少許　味醂少許）

【作法】
將雞蛋放入67～70℃的熱水中加熱25～28分鐘，製作溫泉蛋，取出蛋黃。在托盤上鋪上半量的味噌醃料，鋪上一層紗布後放上蛋黃。再在蛋黃上鋪一層紗布，然後覆蓋味噌，醃漬2～3天。味噌醃料是將白味噌和紅味噌混合，並用清酒與味醂調和而成的。

## 越瓜雷乾＊

【材料】
越瓜　醃料（高湯4　濃口醬油1）　鹽漬鮭魚卵

【作法】
用鹽清洗越瓜，去除瓜心，斜切成薄片。半天陰乾後切成容易食用的大小，並放入醃料中醃製。配上鹽漬鮭魚卵一同享用。

＊雷乾，將去籽的越瓜切成螺旋狀，撒上鹽後風乾而成。由於其形狀像是雷神手持的鼓，因此而得名。

## 溏心蛋

【材料】
雞蛋　淡口醬油

【作法】
將雞蛋放入沸水中煮約5分鐘，然後放入冷水中冷卻，剝去蛋殼。用線將蛋縱向切開，滴入少許 淡口醬油。

## 奶油風味烤毛豆

【材料】
毛豆　奶油

【作法】
將毛豆清洗乾淨，放入碗裡加鹽搓揉。放入鍋子裡乾煎至表面上色，再加入鹽水煮熟。將水分瀝乾後放入碗中，加入奶油調味。

## 甜脆豆佐金山寺味噌

【材料】
甜脆豆　金山寺味噌

【作法】
將甜脆豆清洗乾淨後用鹽水煮熟。冷卻後，配上金山寺味噌一同享用。

## 炙烤烏魚子

【材料】
烏魚子

【作法】
將烏魚子切成適當厚度，用炭火稍微地炙烤。

**開胃菜**

## 竹花丸胡瓜佐金山寺味噌

【材料】
花丸胡瓜　金山寺味噌

【作法】
花丸胡瓜用鹽搓洗後清理乾淨。縱向切成兩半，仔細雕花再整成竹子形狀。最後搭配金山寺味噌一起食用。

## 秋葵佐金山寺味噌餡

【材料】
秋葵　金山寺味噌

【作法】
秋葵清洗乾淨後用鹽搓洗，再用鹽水煮熟後放入冷水中冷卻。切去兩端、去籽，再填入金山寺味噌。

## 子持昆布\*漬

【材料】
子持昆布　清酒　醃料（高湯4　濃口醬油1　味醂1　清酒1　柴魚片適量）

【作法】
將子持昆布切成容易食用的大小，加鹽脫水處理後、再用清酒沖洗。用高湯清洗昆布，再將昆布放入醃料中浸泡。醃料是先將材料混合煮沸、再追加柴魚片後冷卻製成。

\*子持昆布，鯡魚等魚類產卵於其上的昆布。由於鯡魚的卵黏性很強，產卵時無數的卵就會附著於其上。春天至初夏，就是品嚐這道美味的最佳時機。

## 配菜

### 楓葉冬瓜

【材料】
冬瓜翡翠煮（請參照 P.64）

【作法】
按照 P.64 的冬瓜翡翠煮方式製作，並將冬瓜雕刻成楓葉形狀。

### 菊花蕪菁

【材料】
蕪菁　甜醋（水 2 杯　醋 1 杯　砂糖 100g　鹽 10g）　昆布　鷹爪椒

【作法】
去除蕪菁的外皮，並在縱向和橫向劃出細小的刀花。將蕪菁放入鹽水中醃漬，直到變軟，再沖水後瀝乾水分。將昆布和切碎的鷹爪椒加入甜醋中，再放入蕪菁醃漬。甜醋是將所有材料混合並加熱，直到糖和鹽完全溶解後離火，冷卻後備用。

### 獨活鹽麴味噌漬

【材料】
獨活　鹽麴味噌

【作法】
將獨活切成 5cm 長條狀，浸泡在醋水中，再用清水沖洗，並擦乾水分。在容器中鋪上一層鹽麴味噌，蓋上紗布，將獨活排列在上面，再蓋上一層紗布，並加上一層鹽麴味噌，醃漬 2～3 小時。

配菜

## 生薑甜醋漬

【材料】
嫩薑芽　鹽　甜醋（水2杯　醋1杯　砂糖100g　鹽10g）

【作法】
嫩薑芽洗淨後用熱水燙過，接著放上濾網瀝乾水分。灑上少許鹽後冷卻。冷卻後，將其浸泡在甜醋中。甜醋是將所有材料混合後加熱，直到糖和鹽完全溶解，然後離火冷卻而製成。

## 銀杏炸地瓜

【材料】
地瓜　素鹽

【作法】
將地瓜切成銀杏形狀後、再切成薄片。放入油鍋中炸至金黃酥脆，最後撒上素鹽。

## 山藥豆松葉串

【材料】
山藥豆　素鹽

【作法】
山藥豆用鹽搓洗乾淨，再用水沖洗後瀝乾水分。以160～170℃的油鍋炸至金黃酥脆，再撒上素鹽。最後將炸好的山藥豆串成松葉形狀。

## 炸銀杏餅松葉串

【材料】
銀杏　吸汁八方高湯　泡打粉　蛋白　蘇打餅乾　素鹽

【作法】
剝除銀杏的澀皮，將其浸泡在洗米水中回軟，再放入清水中浸泡以去掉薄膜。用吸汁八方高湯將銀杏煮熟。撒上泡打粉，將銀杏浸泡在蛋白中，再裹上粉末狀的蘇打餅乾。在熱油中炸至金黃酥脆，再撒上素鹽，並將其串成松葉形狀。

## 扭梅白玉蘿蔔

【材料】
白蘿蔔　吸汁八方高湯

【作法】
將白蘿蔔削皮，並切成梅花形狀。雕花成扭梅的造型，並將其煮熟。使用吸汁八方高湯進行燉煮。

## 炸銀杏松葉串

【材料】
銀杏　素鹽

【作法】
剝去銀杏的薄膜。放入160～170℃的油鍋中炸至金黃酥脆，撒上素鹽。將炸好的銀杏串成松葉形狀。

## 扭梅金時紅蘿蔔

【材料】
金時紅蘿蔔　吸汁八方高湯

【作法】
將金時紅蘿蔔削皮，並切成梅花形狀。雕花成扭梅的造型，並將其煮熟。使用吸汁八方高湯進行燉煮。

配菜

## 醋漬茗荷

【材料】
茗荷　鹽　甜醋（水2杯　醋1杯　砂糖100g　鹽10g）

【作法】
茗荷縱向對切成兩半，放入熱水中汆燙後，放上濾網瀝乾水分、撒上薄鹽。放涼後浸泡在甜醋中。甜醋是將所有材料混合加熱，待砂糖與鹽溶解後離火冷卻備用。

## 紫蘇百合根佐梅肉

【材料】
紫蘇葉百合根　梅肉

【作法】
百合根洗淨後，放入鹽水中燙煮，放上濾網瀝乾水分。內側搭配適量的梅肉醬。

## 鹽水煮蠶豆

【材料】
蠶豆

【作法】
從豆莢中取出蠶豆，放入鹽水中燙煮。煮熟後去除薄皮，即可使用。

## 甜醋生薑

【材料】
新鮮生薑　鹽　甜醋（水2杯　醋2杯　砂糖100g　鹽10g）

【作法】
新鮮生薑削皮後切成薄片，然後快速地汆燙後，放上濾網瀝乾水分。放涼後浸泡在甜醋中。

配菜

## 鹽水煮毛豆

【材料】
毛豆

【作法】
毛豆洗淨後放入研缽中，加入鹽搓揉並清淨。放入熱水中燙煮，起鍋放上濾網瀝乾後撒上薄鹽即可。

## 花瓣獨活

【材料】
獨活（細嫩部分）

【作法】
獨活削皮後薄切成花瓣形狀的薄片。浸泡在醋水中，再用清水沖洗後瀝乾。

## 紅葉甜椒、銀杏甜椒

【材料】
紅甜椒　黃甜椒　吸汁八方高湯

【作法】
紅甜椒與黃甜椒用炭火燒烤後去皮。分別切成銀杏葉與紅葉形狀，放入吸汁八方高湯中燉煮。

## 花瓣紅蘿蔔

【材料】
金時紅蘿蔔　吸汁八方高湯

【作法】
金時紅蘿蔔削皮後薄切成花瓣形狀的薄片、煮熟。浸泡於吸汁八方高湯中吸收風味

# 主食

## 散壽司

【材料】
蛋絲 蒲燒鰻魚 明蝦 醬油漬鮭魚卵（參照P.145） 豌豆 醋漬蓮藕 山椒葉 壽司飯

【作法】
在壽司飯上鋪上蛋絲，然後放上浦燒鰻魚、煮過的明蝦、醬油漬鮭魚卵、醋漬蓮藕、煮過的豌豆，最後裝飾上山椒葉。

## 小香魚壽司

【材料】
小香魚 壽司飯 山椒葉

【作法】
將小香魚背部切開，去除魚骨和鰓，然後浸泡在較鹹的鹽水中10分鐘，再用醋清洗。將山椒葉搗碎後混入壽司飯中，填入小香魚內。

## 比目魚山椒葉壽司

【材料】
比目魚 鹽 昆布 山椒葉 壽司飯

【作法】
將比目魚的上身切成薄片，撒上少許鹽，再包覆昆布30分鐘醃漬。放上山椒葉，製成小型的握壽司。

# 湯品

## 蛤蜊味噌湯

【材料】
蛤蜊　昆布　八丁味噌　清酒　鴨兒芹

【作法】
將水和昆布放入鍋中浸泡30分鐘，然後加入經過吐沙的蛤蜊，開火煮沸。當蛤蜊的殼開口時，加入八丁味噌調味，再加入少許清酒，將湯盛入碗中，並放上鴨兒芹作為點綴。

## 惜別的海鰻與松茸湯

【材料】
海鰻　鹽　葛根粉　昆布高湯　松茸　車麩　四季豆　吸汁八方高湯　細切的松葉柚子皮

【作法】
將海鰻去骨後，切成適當的大小，撒上薄鹽並裹上葛根粉，放入昆布高湯中熬煮，再用噴槍炙烤成金黃色。松茸洗淨後用吸汁八方高湯快速地炊煮。車麩用炭火烤至微焦。將豌豆用鹽水煮熟，對半切開，放入吸汁八方高湯中浸泡。將所有材料盛入碗中，注入吸汁八方高湯，並用松葉柚子皮作為點綴。

## 鮑魚山葵湯

【材料】
鮑魚　山葵花　砂糖　獨活　煮熟的竹筍　高湯

【作法】
將鮑魚肉切成薄片。山葵花先用熱水燙過，撒上少許砂糖，輕輕搗碎後瀝乾水分，放入密封容器中靜置半天、引出辛香味。獨活切成薄短片、竹筍切薄片、山葵花切成約4cm長。鍋中倒入高湯，加熱至沸騰後，放入竹筍與獨活。煮開後，加入鮑魚與山葵花，最後盛入碗中。

## 油目魚澤煮湯

【材料】
煮熟的竹筍　金時紅蘿蔔　香菇　豌豆　新鮮牛蒡　山菊　白木耳　豆皮　吸汁八方高湯　油目魚　黑胡椒

【作法】
將煮熟的竹筍切成銀杏片，金時紅蘿蔔、香菇、豌豆莢切成細絲、新牛蒡切成薄片。山菊用鹽水燙過後洗淨，切成小段。白木耳泡發後洗淨。將這些食材全部汆燙後瀝乾水分，放入吸汁八方高湯中稍微燉煮，起鍋放上濾網放涼，瀝乾水分後再重新浸泡於高湯中備用。將油目魚的上身去骨並切成細條，撒上清酒與鹽靜置約10分鐘後汆燙。鍋中加熱高湯，待沸騰後放入準備好的蔬菜與豆皮，再次煮沸後加入油目魚。最後盛入碗中，可依個人喜好撒上黑胡椒享用。

# 人氣小鉢料理 材料與作法

---

**本書的材料標註**

- 「上身」是指去皮的魚身。
- 「吸汁八方高湯」是按照高湯 7：味醂 1：淡口醬油 0.7：少許鹽的比例調味而成的。
- 1 杯等於 200㎖，1 大匙等於 15㎖，1 小匙等於 5㎖。

## 蛤蜊佐嫩筍尖拌梅肉

【材料】4 人份
蛤蜊 4 個　嫩筍皮（筍尖的柔嫩外皮）1 根份　油菜花 4 根　紀州梅肉 1 大匙　凍梅乾少許
煎蛋黃（煮熟的蛋黃過篩後隔水加熱去除水分）少許

【作法】
1. 將蛤蜊殼刷洗乾淨後放入鍋中，倒入等量的清酒與昆布高湯至剛好蓋過蛤蜊。加熱，待蛤蜊開口後離火、取出放涼。
2. 將放涼的蛤蜊取下外殼、去除內臟，將蛤蜊肉與裙邊分開並切碎。
3. 將事先去除澀味的嫩筍皮切碎後，放入吸汁八方高湯中煮熟。
4. 油菜花分開花苞與莖部，撒鹽搓揉後汆燙，放入冷水中降溫後泡入吸汁八方高湯。
5. 取出步驟 3 與 4，用廚房紙巾吸乾水分，與梅肉拌勻，盛入器皿。最後撒上煎蛋黃與凍梅乾作為裝飾。

❖ 備註
市售紅色梅肉鹽分過高，因此這裡使用的是低鹽的紀州大顆梅干。依個人喜好將梅干泡水數小時去鹽，去除果核後，加入少量煮熟的清酒（煮沸去除酒精的清酒），再過篩即可。
可提前製作，適合搭配 章魚、海鰻的生魚片，也可用作雜炊的調味點綴。用吸汁八方高湯煮紅蘿蔔時可加入少許梅核增加防腐效果，或在製作香梅煮沙丁魚時加入增添風味使用。

## 蝦夷蔥佐海螺拌豆瓣醬味噌

【材料】4 人份
蝦夷蔥（淺蔥的嫩芽）60g　淺蔥 1 束　海螺 2 顆　京都油豆皮 20g
豆瓣醬味噌（玉味噌 60g　豆瓣醬 1/2 小匙）
煮海螺的綜合高湯（高湯 4：清酒 1：味醂 0.5：濃口醬油 0.5　砂糖適量　生薑片 3 片）

【作法】
1. 蝦夷蔥與淺蔥撒鹽搓揉後汆燙，撈起放涼。
2. 京都油豆皮稍微炙燒後，切成約 3cm 長的細絲。
3. 海螺水煮後取出貝肉，放入綜合高湯中小火燉煮約 10 分鐘，使其柔軟入味後切成容易食用的大小。
4. 將步驟 1～3 的食材用廚房紙巾吸乾水分，與豆瓣醬味噌拌勻即可。

## 白和無翅豬毛菜佐煙燻鮭魚拌開心果

【材料】4 人份
無翅豬毛菜 100g　香菇 2 顆　鴻喜菇 1/4 株　紅蘿蔔適量　油炸麩 1/2 塊　開心果（去殼）30g　煙燻鮭魚 50g　吸汁八方高湯
油炸麩煮高湯（高湯 6：清酒 2：濃口醬油 1：味醂 1　砂糖適量）
白和調味醬

< 白和調味醬 >
[ 材料 ]
重壓去水的絹豆腐（絹豆腐 300g 用紗布包裹，壓重物使其瀝乾至 100g）　白味噌 15g　砂糖 1 大匙　鹽少許　淡口醬油 1 小匙　味醂 1 小匙　芝麻醬 1 大匙
[ 作法 ]
將上述材料用食物處理機攪拌至滑順的奶油狀。

【作法】
1. 無翅豬毛菜撒鹽搓揉後汆燙，切成 2cm 長。
2. 香菇去蒂後切片，鴻喜菇去蒂後拆成小株，撒上清酒與薄鹽 後烘烤。
3. 紅蘿蔔切絲後汆燙。
4. 將步驟 1～3 先放入吸汁八方高湯浸泡。靜置一會兒後，換成新的高湯，讓蔬菜充分吸收鮮味（※ 此步驟為初步醃漬與二度醃漬）。
5. 油炸麩先汆燙油切、瀝乾水分後切細絲再放入高湯中燉煮。
6. 步驟 4、5 充分瀝乾水分後，與白和調味醬拌勻。
7. 開心果去殼、粗切後混入，最後與煙燻鮭魚一同擺盤。

### 蘆筍佐明蝦拌蛋黃醋

【材料】4 人份
蘆筍 4 根　白蘆筍 2 根　明蝦 4 尾　酪梨 1/2 顆　醬油適量
蛋黃醋（將土佐醋 100㎖與蛋黃 4 顆隔水加熱攪拌至順滑，然後放入冰水中冷卻）

【作法】
1. 蘆筍去除根部較硬部分，削去外皮較粗的纖維，撒上鹽搓揉備用。
2. 鍋中加水燒開，調整鹽度至接近海水濃度，將蘆筍燙煮至釋放甜味後，立刻放入冰水冷卻。瀝乾後斜切成 2cm 長，保留筍尖部分作為裝飾。明蝦用竹籤剔除腸泥，放入滾水燙熟後，立即泡冰水冷卻後去殼。
3. 酪梨削皮，縱向切成 1/4，塗上適量油後，以炭火烤至熟透再切成容易食用大小。（無炭火可使用烤箱或燒烤架）
4. 將步驟 1～3 的食材與蛋黃醋攪拌均勻，盛盤後撒上醬油粉以增添風味。

### 真珠蛤與山葵花的芥末醬漬

【材料】4 人份
真珠蛤 50g　山葵花 1 束
山葵漬醃料（清酒粕 200g　砂糖 50g　鹽 10g　淡口醬油 2 大匙　味醂 1.5 大匙）

【作法】
1. 真珠蛤撒上清酒與鹽，用乾煎的方式處理後，迅速冷卻。
2. 山葵花將花與莖部分分開，撒鹽搓揉後燙煮。起鍋瀝乾後撒上砂糖，待冷卻後沖水，切成 3cm 長。
3. 將步驟 1、2 用廚房紙巾擦乾水分，與山葵漬醃料拌勻，盛盤。
4. 最後將山葵花的花苞作為頂飾。

### 奶油馬鈴薯拌北魷肝醬

【材料】4 人份
馬鈴薯 4 顆　北魷的內臟、魷魚腳 1 碗份
奶油 40g　切碎的西洋芹適量

【作法】
1. 馬鈴薯用刷子徹底清洗、保留外皮，縱向與橫向各切一刀成 1/4 切塊，放入蒸籠中蒸至可輕鬆穿透。
2. 蒸馬鈴薯的同時，將魷魚腳切成容易食用的大小，與魷魚內臟一同撒上鹽與黑胡椒，放入烤箱或烤架上烤熟。
3. 馬鈴薯蒸熟後去皮，趁熱與魷魚內臟拌勻，最後放上奶油使其融化。
4. 魷魚腳與切碎的西洋芹灑在表面，增添香氣與層次。

### 蕨菜與竹筍的甘醋漬

【材料】4 人份
蕨菜 1 束　竹筍（中等大小）1 根　獨活（粗的部分）4cm　紅蘿蔔 4cm　茗荷 2 個
甜醋（水 2 杯　醋 1 杯　砂糖 100g　鹽 10g）

【作法】
1. 將預先處理過後的蕨菜的（參照 P.168「蕨菜的預先處理」），切成 3cm 長。紅蘿蔔、竹筍切成薄片。
2. 獨活削皮後切滾刀塊，泡入醋水以防變色，再燙煮後起鍋沖冷水，瀝乾水分。
3. 紅蘿蔔切絲，茗荷對半切開後燙煮，瀝乾水分備用。
4. 將步驟 1～3 放入甘醋中醃漬，約半天即可食用。

### 富山冰見鯖魚博多押壽司佐蛋黃醋

【材料】4 人份
鯖魚上身（魚片）400g　煙燻鮭魚 100g　千枚蕪菁漬 2 片　紅蕪菁漬 1/2 個　油菜花 1/2 束　龍飛昆布（壓模大小 ×3 片）甜醋薑片 100g
蛋黃醋（將土佐醋 100㎖ 與蛋黃 4 顆隔水加熱攪拌至順滑，然後放入冰水中冷卻）

【作法】
1. 鯖魚去除腹骨，撒上大量粗鹽，放置室溫 2 小時，再以清水洗淨後，將魚浸泡於米醋＋少量砂糖的溶液中靜置 1 小時，再用保鮮膜包裹冷藏一天以讓醋味滲透，最後再去除中骨。
2. 鯖魚與煙燻鮭魚斜切成薄片。千枚蕪菁漬切成與壓模尺寸相同的大小，紅蕪菁漬切片，甜醋薑片切絲。
3. 油菜花用鹽水燙煮後冷卻，再泡入鹽水中，使用前瀝乾水分。
4. 壓模內鋪上保鮮膜，將龍飛昆布分別放在最上層、中間、底部，再依序疊上步驟 1、2、3 的食材，保鮮膜包裹固定後放上重石壓製，冷藏半天定型。
5. 帶保鮮膜的狀態下切出適當大小，擺盤後鋪上蛋黃醋，最後去除保鮮膜即可享用。

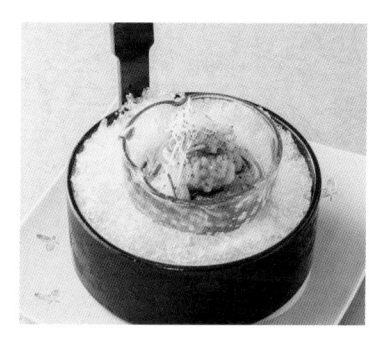

### 新洋蔥佐海鰻彩蔬南蠻漬

【材料】4 人份
新洋蔥 1 個　海鰻 1/4 尾　紅、黃甜椒適量　新鮮木耳 1 片　淺蔥 1/2 把　小蘿蔔 1 個　黑胡椒少許
葛根粉（可用馬鈴薯澱粉來代替）
南蠻醋醬汁（高湯 7：醋 1：淡口醬油 1：味醂 1.5　砂糖適量　鹽少許）

【作法】
1. 海鰻先進行去骨後切成 1.5cm 寬，撒上葛根粉後以 170℃的油鍋油炸。
2. 新洋蔥、紅黃甜椒切成薄片。
3. 新鮮木耳去除硬梗，切絲後燙煮。
4. 將步驟 1～3 放入南蠻醋醬汁中浸泡（先醃漬 3 小時，再更換新醋進行二次醃漬）。
5. 淺蔥切成 3cm 長，與醃漬好的食材混合，擺盤後，將蘿蔔絲放在最上層，最後撒上黑胡椒。

### 西洋芹佐櫻花蝦與京都油豆皮涼拌菜

【材料】4 人份
西洋芹 2 束　生櫻花蝦 40g　京都油豆皮 20g　金針菇 1/5 束　紅蘿蔔適量　吸汁八方高湯　腰果適量

【作法】
1. 西洋芹、金針菇切成 3cm 長，撒上少許鹽後燙煮起鍋。
2. 紅蘿蔔切絲，燙煮後起鍋。
3. 櫻花蝦也撒上少許鹽後燙煮。
4. 京都炸豆皮稍微炙烤後，切成 3cm 長的細絲。
5. 將步驟 1～4 浸泡於吸汁八方高湯（參照 P.162「白和無翅豬毛菜佐煙燻鮭魚拌開心果」的初步醃漬與二度醃漬方法），食用前拌入切碎的腰果後盛盤。

### 松葉蟹佐鴨兒芹涼拌菜

【材料】4 人份
松葉蟹（已燙煮，剝殼取肉）1/8 碗　鴨兒芹 5 根　近江蒟蒻適量　炒過的白芝麻適量　吸汁八方高湯　近江蒟蒻與炸麩的燉煮高湯（高湯 6：清酒 2：味醂 1：濃口醬油 1　砂糖適量）

【作法】
1. 松葉蟹剝殼取蟹肉。
2. 鴨兒芹切除根部，切成 3cm 長，撒少許鹽後燙煮起鍋，放入吸汁八方高湯浸泡。
3. 近江蒟蒻切絲後用鹽搓揉，再燙煮後起鍋，放入燉煮高湯中燉煮。
4. 將步驟 2、3 瀝乾水分後，與蟹肉混合，再撒上炒過的白芝麻盛盤。

❖備註
若搭配生薑醋，即可變成一道醋漬涼拌料理。

### 豬牙花佐銀魚燙青菜

【材料】4 人份
豬牙花 1 盒　紅蘿蔔 4cm　金針菇 1/2 束　京都炸豆皮 1/4 片　煮熟的魩仔魚 20g　磨碎的白芝麻少許
綜合高湯（高湯 7：味醂 1：淡口醬油 0.7　鹽少許）

【作法】
1. 將豬牙花切 3cm 長，撒上鹽搓揉，紅蘿蔔切絲，金針菇切 3cm 長，一起燙煮後起鍋泡冷水冷卻，瀝乾水分。
2. 京都炸豆皮稍微炙烤後，切成 3cm 長的細絲。
3. 將步驟 1、2 浸泡於綜合高湯（參照 P.162「白和無翅豬毛菜佐煙燻鮭魚拌開心果」的初步醃漬與二度醃漬方法）
4. 瀝乾水分後，與煮熟的魩仔魚混合，撒上炒過的白芝麻盛盤。

## 風呂吹蕪菁

【材料】4 人份
蕪菁 4 顆　明蝦 4 尾　油菜花（花穗）4 根　鴻喜菇 1/2 包　柚子皮 1/4 顆份　玉味噌 100g　馬鈴薯澱粉適量

【作法】
1. 將蕪菁連葉切開成 3：7 的比例，較大的部分挖空作成蕪菁盅，放入昆布高湯內，加少許鹽煮沸，燉煮至竹籤可以穿透外皮的程度。先將蕪菁盅燙熟，再加入蕪菁蓋與挖出的果肉，確保口感一致。
※ 不可以久煮，否則蕪菁易碎裂！
2. 明蝦去頭後汆燙，同一鍋水再煮蝦頭，去殼後分成蝦頭與蝦腳。
3. 油菜花用鹽水汆燙，冷卻後瀝乾。鴻喜菇以 170℃的油鍋油炸至金黃酥脆。
4. 柚子皮刮去白色果皮，切細絲。
5. 將步驟 1 的蕪菁盅內鋪上玉味噌，擺入步驟 2、3、4 後盛盤。

## 筍拌甘草佐炸地瓜的燉煮料理

【材料】4 人份
竹筍（中）1 根　炸地瓜餅 2 片　甘草 50g　燉煮的綜合高湯（高湯 15：淡口醬油 1：清酒 1：味醂 0.7　砂糖適量）

【作法】
1. 竹筍預先處理去殼，切成 8 等份，與炸地瓜餅一起燉煮。
2. 步驟 1 煮好後，加入甘草，快速地加熱後即可完成。

## 燉煮飯蛸佐梅醋凍

【材料】4 人份
飯蛸 2 隻　大野芋 1 根　切碎的裙帶菜根部 30g　檸檬 1/4 顆　米糠 2 大杯（預先處理用）　吸汁八方高湯
梅醋凍（高湯 120㎖　醋 10㎖　味醂 10㎖　淡口醬油 10㎖　砂糖少許　鹽少許　吉利丁 2g　梅肉 1/2 大匙　※ 將以上材料煮沸，加入泡水回軟的吉利丁攪拌溶解，放入冰水中急速冷卻）
燉煮飯蛸高湯（高湯 8：清酒 1：味醂 1：淡口醬油 1　砂糖少許）

【作法】
1. 飯蛸用米糠搓揉清洗去除黏液，沖水後切開成頭部與觸手。頭部內翻，稍微劃開表皮，汆燙後泡冰水會呈現開花狀）。
2. 燉煮飯蛸高湯煮沸後，先放頭部、再沸騰後放入觸手。煮好後擠入檸檬汁調味，自然冷卻。
3. 蓮藕梗去皮、汆燙，切成 3cm 長，泡入吸汁八方高湯。
4. 切碎的裙帶菜根部也汆燙後泡冰水，再放入吸汁八方高湯中浸泡。
5. 將步驟 3、4 的水分瀝乾，混合梅醋凍後擺盤，再放上飯蛸即可。

❖備註
飯蛸快速地燉煮可保留柔嫩口感。擠入檸檬汁，可以增添清新爽口的風味。

## 炭烤海鼠

【材料】4 人份
紅海參 300g　山藥（厚切半月形）4 片　鹽適量　檸檬 1 顆

【作法】
1. 海參先去除參嘴部位，以鹽搓揉去除黏液後，以清水洗淨。
2. 串上金屬串，用炭火烤至熟透，同時將山藥炙燒。
3. 趁熱切片，擺盤後佐大量檸檬享用。

## 鯛魚卵煮凍 佐胡麻醬

【材料】（容易製作的分量）
鯛魚卵 300g　吉利丁（先泡水軟化）13g　蠶豆 4 顆　油菜花 4 根　紫蘇花穗適量　嫩薑絲適量　吸汁八方高湯
胡麻奶油醬（芝麻醬 1 大匙　昆布高湯 1 大匙　淡口醬油 2 小匙　煮熟的味醂 2 小匙　砂糖 2 小匙　鹽少許）
鯛魚卵燉煮高湯（高湯 9：清酒 1：味醂 1：淡口醬油 1　砂糖適量）

【作法】
1. 鯛魚卵去皮切成容易食用大小，先汆燙去腥，放入燉煮高湯，加入嫩薑絲以小火燉煮約 30 分鐘。
2. 步驟 1 取出 500㎖ 燉煮湯汁，用粗目濾網過濾。
3. 重新加熱步驟 2 的湯汁，加入吉利丁煮至完全溶解，然後放入冰水中快速冷卻。
4. 凝固呈膠狀時，倒入模具、放入冰箱冷藏成形。
5. 在食器盤底鋪上胡麻奶油醬，切塊的步驟 4、用煮滾的吸汁八方高湯浸泡的油菜花、鹽蒸蠶豆，再放上紫蘇花穗點綴。

## 鯛魚卵與嫩青豆玉子燴

【材料】4 人份
鯛魚卵燉煮適量（參照 P.167「鯛魚卵煮凍」）　雞蛋（L size）2 顆　豌豆（帶豆莢）300g　牛蒡（削切）50g　鴨兒芹 1/4 束　山椒粉少許

【作法】
1. 豌豆以鹽水汆燙，瀝乾水分後備用。
2. 鍋中放入鯛魚卵燉煮物與高湯 300g，加入牛蒡絲與嫩薑絲煮至溫熱，再加入豌豆與切成 1cm 長的鴨兒芹。將過篩後的蛋液，用帶孔勺子倒入鍋內，關火後蓋鍋悶煮。
3. 盛盤，上方撒上嫩薑絲與山椒粉即可享用。

### 炸蕨菜山藥泥

【材料】4 人份
蕨菜 100g　大和芋 100g　切碎的洋蔥 20g　蘿蔔泥適量　生薑泥適量　切碎的紫蘇葉 2 片
炸物的綜合調味料（高湯 8：淡口醬油 1：味醂 1：砂糖少許）

< 蕨菜的預先處理 >
蕨菜的預先處理用材料：稻草灰、粗鹽適量
1. 蕨菜撒上稻草灰與粗鹽（約 10：1 的比例），輕輕搓揉去除細毛。
2. 將蕨菜分成嫩芽與莖部，分開處理。
3. 準備兩個鍋子，分別煮嫩芽與莖部，沸騰後離火、蓋上落蓋悶至喜歡的軟硬度，再用清水充分沖洗。

【作法】
1. 山藥去皮，泡入醋水去澀味，然後瀝乾備用。
2. 蕨菜莖部剁碎，製成蕨菜泥。
3. 山藥成磨泥，與碎洋蔥拌勻，加鹽調味。
4. 以湯匙舀取步驟 3，整成丸形，再放入 170℃的油鍋油炸至金黃酥脆。
5. 加熱高湯，將步驟 4 盛盤，搭配蘿蔔泥、薑泥與切碎的紫蘇葉。

❖備註
為了方便保存蕨菜的嫩葉和莖部，準備了兩個鍋來進行預先處理。由於不同粗細的蕨菜軟化時間不同，因此需要注意觀察並調整燙煮時間。

### 山椒油烤小香魚

【材料】4 人份
小香魚 4 尾　太白芝麻油 300㎖　山椒粒 1 大匙
羅勒醋（※ 羅勒醬 1 大匙　醋 1/2 小匙　檸檬醋 1/2 小匙　味醂少許　鹽少許）

※ 羅勒醬（羅勒葉 60g　橄欖油 100㎖　松子 20g　芝麻 10g　將以上的材料放入食物調理機攪拌均勻。）

【作法】
1. 香魚串燒，撒上鹽後以炭火烤熟。
2. 準備深烤盤，倒入太白芝麻油，加入燙過的山椒粒，再放入香魚，用 50℃的烤箱烘烤 60 分鐘。
3. 上桌前再次以烤箱烘烤，讓魚皮香脆。
4. 擺盤，以羅勒醬裝飾，撒上山椒粒即可。

### 蠶豆、鮑魚、竹筍佐藍紋起司燒

【材料】4 人份
蠶豆（帶豆莢）4 根　竹筍 1 根　嫩煮軟化的鮑魚 120g（約 1 顆）　藍紋起司 20g　沙拉油 1 大匙　吸汁八方高湯　奶油 10g　鮑魚煮汁 2 大匙　濃口醬油少許　味醂少許

< 鮑魚燉煮 >
將鮑魚用刷子洗淨後進行汆燙，然後去殼。準備一個鍋子，加入足夠覆蓋鮑魚的清酒和水，並放入相當於鮑魚重量 20% 的輪切白蘿蔔，以小火燉煮 60～90 分鐘，直到變得柔軟（以竹籤能輕易穿透的程度）。待鮑魚變軟後，再用淡口醬油和味醂調味（使其更容易入味）。

【作法】
1. 將預先處理好的竹筍（參照 P.174「炙烤竹筍佐螢烏賊拌羅勒味噌」）切成 1/8 塊，用八方高湯燉煮入味。
2. 蠶豆去莢剝皮，泡入鹽水，蠶豆莢則炭烤至帶金黃色，然後用湯匙刮下內部棉絮（棉絮可與起司搭配，請勿丟棄）。藍紋起司切丁，備用。
3. 熱鍋加沙拉油，炒香竹筍、蠶豆、切塊鮑魚，煎至微焦後，加入奶油、鮑魚煮汁、醬油、味醂調味。拌入藍紋起司，稍微加熱融化，盛入炭烤蠶豆莢即完成。

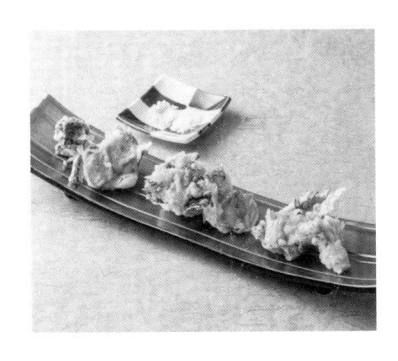

## 紫蘇百合根　三味天婦羅

【材料】4 人份
大葉百合 12 片　生海膽 20g　烏魚子（切片）4 片　櫻花蝦 20g　紫蘇 2 片　茼蒿 4 片　鴨兒芹 8 片　葉牛蒡 4 根　莢果蕨嫩芽 4 根　蜂斗菜花莖（對半切取其芯）2 個
天婦羅麵糊：蛋水 200㎖（※ 蛋水　蛋 1/2 顆　冷水 200㎖，充分混合後直接冷藏備用）　低筋麵粉 140g

【作法】
1. 清洗大葉百合，去除泥沙並擦乾水分備用。
2. 將紫蘇、茼蒿、鴨兒芹切成可放在大葉百合上的適當大小。
3. 撒上低筋麵粉，將紫蘇＋海膽、茼蒿＋烏魚子、鴨兒芹＋櫻花蝦分別放在大葉百合上，然後裹上冷藏過的天婦羅麵糊，再用 170℃的油鍋炸至金黃酥脆。
4. 將葉牛蒡、莢果蕨嫩芽、蜂斗菜花莖同樣裹粉油炸，作為點綴。

## 春季紅蘿蔔與嫩青豆什錦天婦羅佐蝦鹽

【材料】4 人份
紅蘿蔔葉 1/2 束　紅蘿蔔（較粗部位）3cm　蝦仁 40g　豌豆仁（去殼）200g　魩仔魚 40g

< 炸野菜麵糊 >
蛋水 100㎖（※）與低筋麵粉（過篩）70g 充分攪拌混合後冷藏備用
※ 蛋水　蛋 1/2 顆　冷水 200㎖，充分混合後直接冷藏備用。

< 蝦鹽 >
材料：鹽、蝦殼（建議使用甜蝦或明蝦等鮮味較高的蝦殼）
作法：1. 蝦殼乾炒，焙香後冷卻。 2. 將蝦殼與 20% 重量的海鹽一起用平底鍋乾炒，再用食物處理機攪拌成粉末。

【作法】
1. 紅蘿蔔削成薄片，再切絲；紅蘿蔔葉修剪整齊。
2. 將步驟 1 與一半的櫻花蝦混合，撒上低筋麵粉，拌入適量麵糊至剛好黏合狀態。
3. 豌豆仁也依步驟 2 的方式處理。
4. 油鍋加熱至 170℃，放入圓形模具後將步驟 2、3 依序放入炸至金黃酥脆。
5. 同一鍋內炸剩餘的櫻花蝦與魩仔魚，作為裝飾，最後撒上海老鹽作點綴。

## 炸海老芋佐海膽內餡與蝦末醬汁

【材料】4 人份
海老芋 1 顆　生海膽 40g　蝦仁 4 隻　山葵適量　現磨生薑適量　清酒少許　鹽少許　馬鈴薯澱粉適量
銀餡（高湯 200㎖　味醂 10㎖　淡口醬油 5㎖　鹽少許　加水溶解的葛根粉適量）
海老芋綜合高湯（高湯 15：淡口醬油 1：味醂 1：砂糖少許）

【作法】
1. 海老芋去皮，蒸至竹籤可以穿透的程度，再用 170℃的油鍋炸至金黃酥脆，瀝乾油份後放入燉煮高湯燉煮入味。
2. 冷卻後，挖空芋心，將挖出的部分過篩壓泥，填入生海膽，再用壓泥部分封口。
3. 封口處撒上馬鈴薯澱粉，再次用 170℃的油鍋油炸，切成喜好的大小。
4. 銀餡調味後加入已撒上清酒與鹽調味後剁碎的蝦仁，煮滾後加入現磨生薑，淋在海老芋上，最後點綴山葵。

### 炭烤牛里肌壽喜燒

【材料】4 人份
牛里肌肉 50g 薄切 4 片　洋蔥 1/2 顆　獨活（較粗部位）10cm　竹筍 1 根　行者大蒜 8 根　蕨菜 8 根　山椒葉適量
壽喜燒醬汁（高湯 6：清酒 2：味醂 1：濃口醬油 0.7：溜醬油 0.3：白雙糖適量

【作法】
1. 洋蔥切成 1/8 塊，獨活削皮後切成薄片，泡入醋水防止變色。竹筍切片，蕨菜與行者大蒜切成容易食用的大小。
2. 牛里肌肉折疊成長方形後用金屬串串起來，在炭火上稍微燒烤至表面上色。
3. 平底鍋裡加入牛油，炒洋蔥至約七分熟，倒入壽喜燒醬汁。煮滾後放入步驟 1、2 的食材，燉煮入味。裝盤後撒上大量山椒葉，增添香氣。

### 春高麗菜與三元豚里肌佐韓式味噌醬

【材料】4 人份
春高麗菜 1/4 顆　三元豚里肌肉切片 8 片　黑胡椒適量　豬腳高湯、雞骨高湯適量　清酒少許　鹽適量

< 韓式辣味噌醬 >
材料（4 人份）：韓式辣醬 25g　田舍味噌 15g　白味噌 70g　砂糖 1 小匙　柚子醋醬油 2 大匙　清酒 1 大匙　檸檬汁 1 大匙

【作法】
1. 春高麗菜切碎備用。
2. 豬腳與雞骨高湯加少許清酒、鹽調味後煮沸，用來稍微燙熟三元豚肉，以防止過度加熱變硬。高麗菜也稍微汆燙，擺盤後撒上黑胡椒。
3. 搭配韓式辣味噌醬食用。

### 牛肉與葉牛蒡金平

【材料】4 人份
牛里肌肉切片 100g　葉牛蒡 2 根　山椒粒 10g　山椒葉適量　牛油適量　白雙糖適量
金平醬汁比例（高湯 300㎖　清酒 100㎖　味醂 50㎖　濃口醬油 35㎖　溜醬油 15㎖　白雙糖適量）※ 使用白雙糖能增添濃郁甘甜風味

【作法】
1. 葉牛蒡切成葉、莖、根三個部分。
2. 葉子切碎後汆燙，浸泡冷水。莖部撒鹽後汆燙，去除薄皮後切成細絲。根部用刷子刷乾淨後切成小塊。
3. 平底鍋加入牛油，先炒根部，再放入牛肉拌炒。撒上白雙糖，使肉吸收甜味。最後加入切碎的葉子炒香。
4. 倒入金平醬汁燉煮，再加入切絲的莖部與山椒粒，燉煮至入味。
5. 裝盤後撒上山椒葉點綴。

### 鮑魚柔煮佐海藻山藥泥與八方醋

**【材料】4 人份**
裙帶菜根部　柔煮鮑魚（參照 P.168「蠶豆、鮑魚、竹筍佐藍紋起司燒」）山藥適量　秋葵適量　梅肉少許
八方醋（高湯 12：醋 1：淡口醬油 1：味醂 1：砂糖適量 ※ 將所有材料混合後加熱至沸騰，迅速冷卻備用）

**【作法】**
1. 裙帶菜根部洗淨後，將其分為莖部與葉部，先汆燙莖部，再放入葉部，根據軟硬度調整燙煮時間，之後立即放入冰水冷卻，切成細絲。
2. 山藥先泡醋水，接著用清水沖洗去除澀味，最後磨成泥。
3. 秋葵去蒂後，以鹽搓揉增色，再汆燙冷卻，切成適當長度，去籽後切成薄片。
4. 將裙帶菜根部放入碗中，倒入八方醋，再依序擺上山藥泥、鮑魚、秋葵、梅肉，即可完成。

### 綠蘆筍擂流湯

**【材料】4 人份**
新鮮蘆筍 10 根　水果番茄（汆燙去皮）1 顆　生海膽適量　昆布高湯 300㎖　梅肉適量　吉利丁片（蘆筍湯 250㎖：吉利丁 7g，先泡水軟化）

**【作法】**
1. 蘆筍去掉根部較硬的部分，削去根部外皮，分為筍尖與莖部，並用鹽搓揉去澀。削下外皮的部份也同樣撒鹽搓揉。
2. 將昆布高湯加適量鹽煮沸，放入蘆筍燙煮，讓昆布高湯吸收蘆筍的鮮味後，立即冷卻備用。蘆筍筍尖留作擺盤用。
3. 取部分昆布高湯加熱，放入泡軟的吉利丁片攪拌溶解。
4. 將燙好的蘆筍與昆布高湯放入果汁機攪拌後冷卻。
5. 將步驟 4 倒入碗中，擺上切成四等分的番茄、生海膽，最後放上梅肉點綴。

### 水茄子與牛里肌蘿蔔泥燉煮

**【材料】4 人份**
水茄子 1 顆　牛里肌肉薄片 100g　西洋芹 1 根　蘿蔔泥（過篩瀝乾水分）300g　山椒葉 8 片（去梗取葉）
綜合高湯（高湯 400㎖　味醂 50㎖　淡口醬油 25㎖　濃口醬油 25㎖　砂糖適量）

**【作法】**
1. 水茄子對半切開，在皮的部分劃上刀花，再縱向切成兩半。
2. 西洋芹去皮後切塊。
3. 將水茄子與西洋芹放入 170℃的油鍋炸至金黃酥脆，撈起後用熱水燙過去油。
4. 將綜合高湯加熱，放入炸好的水茄子與西洋芹燉煮入味後，加入牛里肌肉薄片，燉至八分熟後盛盤。
5. 將蘿蔔泥倒入湯汁中加熱，淋在食材上，最後撒上山椒葉點綴。

## 蛤蜊與山葵花澤煮湯

【材料】4 人份
蛤蜊 4 顆　山葵花 2 束　獨活（較粗）4cm　茗荷 1 顆　紅蘿蔔（中等粗細）4cm　山菊 10cm　生海膽適量　清酒　昆布高湯　鹽適量　砂糖適量

【作法】
1. 山葵花撒鹽搓揉，放入密閉容器，倒入熱水後迅速倒掉，再撒少許砂糖拌勻，密封靜置半天，待辛辣味釋放後，切成 2cm 長段。
2. 蛤蜊洗淨，放入鍋中，加入等量的清酒與昆布高湯，剛好淹過蛤蜊，煮至蛤蜊開口後取出，剩下蛤蜊肉，保留湯汁。
3. 蛤蜊肉分為裙邊與貝肉，去除內臟後切細絲。
4. 山菊撒鹽搓揉，靜置 10 分鐘後汆燙，放入冷水冷卻，去皮後切成細片。
5. 獨活去皮後，切成細長滾刀塊，泡入醋水去澀，再以清水沖洗。
6. 紅蘿蔔削成薄片後切絲，汆燙後放入冷水冷卻。
7. 茗荷去除白色根部與芯，切細絲。
8. 將步驟 2 的高湯加熱，放入所有蔬菜，調味後再加入蛤蜊肉與海膽，加熱後盛入碗中。

## 松葉蟹生菜捲佐蟹高湯燉煮

【材料】4 人份
煮熟的松葉蟹 1/2 碗　美生菜大 4 片　燉煮筍湯（參照 P.174「炙烤竹筍佐螢烏賊拌羅勒味噌」）1/2 根　新海帶芽 40g　山椒葉 8 片
蟹高湯（將取出蟹肉後的螃蟹殼 1 碗份、水 1ℓ、昆布 20g 放入鍋中熬煮至剩下一半以下，最後加入柴魚片 20g 撈去浮沫並過濾）
綜合高湯（高湯 15：淡口醬油 1：味醂 1：鹽少許）

【作法】
1. 松葉蟹去殼取肉。
2. 美生菜放入加鹽的熱水中汆燙，迅速起鍋瀝乾水分。
3. 燉煮好的竹筍切成 8 等分。
4. 新海帶芽分成葉與梗，切成 3cm 段。
5. 將蟹肉包入步驟 2 的美生菜中。
6. 將步驟 3、4、5 放入綜合高湯中略煮，一起盛入食器，擺上蟹味噌點綴。

❖備註
蟹殼熬煮的高湯可用於燉煮根菜類（如蕪菁）或葉菜類，作為家常料理的一道美味湯品。

## 翡翠茄子與山藥素麵

【材料】4 人份
千兩茄子 1 條　山藥（半月形 10cm 長）秋葵 2 根　溫泉蛋 4 顆　明蝦 4 尾　乾燥冬香菇 2 片　山葵適量　柚子皮適量　吸汁八方高湯
美味高湯（高湯 6：淡口醬油 1：味醂 1 份：鹽少許）
冬香菇調味高湯（高湯 8：香菇泡發水 6：清酒 2：味醂 1：濃口醬油 0.7 份　砂糖適量）
※ 冬香菇需用溫水浸泡一晚還原，去除根部後，以上述調味高湯燉煮至軟嫩。

【作法】
1. 茄子表面縱向劃上刀花，並以金屬串縱向貫穿打孔，放入 170℃ 的油鍋中翻滾炸至均勻上色，待孔中蒸氣冒出時，立即放入冰水冷卻，趁熱去皮並泡入吸汁八方高湯中冷卻備用。
2. 秋葵去蒂，以鹽搓揉後汆燙，冷卻後對半剖開，用湯匙取出種子，接著剁碎。
3. 明蝦去除腸泥，放入鹽水汆燙後，冰鎮去殼並稍微整形。
4. 冬香菇燉煮後，切成容易食用大小。
5. 溫泉蛋（67℃ 煮 25 分鐘），去殼時泡水以防破損，僅取蛋黃部分。
6. 將步驟 1 切成適合盛裝的高度，依序擺上秋葵、明蝦、冬香菇與溫泉蛋，淋上美味高湯，最後放上山葵與柚子皮。

❖備註
燉煮後的冬香菇可作為便當配菜，也可加入素麵、散壽司，或切碎混入棒壽司的醋飯中。可冷凍保存。

## 蜆湯

【材料】4 人份
蜆貝 300g　炸過的蜂斗菜花莖適量　生薑絲適量　昆布高湯　清酒　鹽少許

【作法】
1. 蜆貝用手搓洗乾淨，放入鍋中。
2. 加入剛好能覆蓋蜆貝的昆布高湯，並加入約 2 成的清酒，開火加熱。
3. 蜆貝開口後，立即起鍋。
4. 繼續加熱湯汁，使其風味更加濃縮。
5. 用鹽調味，最後加入生薑絲，倒入小碗中，並放入炸過的蜂斗菜花莖。

## 海鰻洋蔥湯

【材料】4 人份
海鰻 300g　洋蔥 1 顆　鴨兒芹 1/4 束　海鰻高湯 600㎖　味醂 15㎖　淡口醬油 20～30㎖　鹽少許　黑胡椒少許
海鰻高湯（鱧魚的頭與中骨 1 尾份　洋蔥 1 顆　高湯 1.5ℓ）

【作法】
1. 海鰻去骨，魚頭對半切開，與中骨一起放入烤箱烤至金黃色，然後包入濾布，以防雜質掉入湯中。
2. 洋蔥切成約 5mm 厚的縱向薄片，與海鰻魚骨、高湯一起放入鍋中，以小火燉煮約 30 分鐘，（※ 海鰻高湯）。
3. 洋蔥切片，海鰻去骨後切成 1cm 寬，鴨兒芹切成 1.5cm 長。將海鰻高湯與調味料放入鍋中，加入洋蔥煮熟後，放入海鰻與鴨兒芹，盛入碗中，依個人喜好撒上黑胡椒。

❖備註
海鰻高湯可用於火鍋湯底。經過燒烤後的魚骨熬出的湯底，能夠提升鮮味。

## 鯨魚涮涮湯

【材料】4 人份
鯨魚舌（處理後）50g　鯨魚培根薄片 2 片　鯨魚皮薄片 100g　嫩豆腐 1/8 塊　水菜 30g　柚子胡椒少許
鯨魚皮高湯：鯨魚皮熬製的高湯 600㎖　味醂 30㎖　淡口醬油 20㎖　鹽少許

※ 鯨魚舌處理方式
將鯨魚舌放入加米糠的熱水中煮約 6 小時，煮軟後換水，再次燙煮以去除米糠的氣味。

【作法】
1. 鯨魚皮薄片先汆燙去腥，然後放入高湯中以小火燉煮 30 分鐘，加入味醂與淡口醬油調味。
2. 將處理好的鯨魚舌切成一口大小，加入鍋中再煮約 10 分鐘，使其釋放鮮味。
3. 鯨魚培根、嫩豆腐、水菜切成容易食用大小，加入鍋中略煮，最後依個人口味加入柚子胡椒提味。

❖備註
鯨魚皮是湯底的關鍵，可依個人喜好增減用量，以調整湯的濃郁程度。

### 炙烤竹筍佐螢烏賊拌羅勒味噌

【材料】4 人份
竹筍 1 根　螢烏賊（燙熟）12 隻　羅勒味噌（玉味噌 50g 加上羅勒葉 5g 放入研缽混合）
竹筍高湯（高湯 18：清酒 1：味醂 1：淡口醬油 0.7：鹽少許）　鷹爪椒

【作法】
1. 竹筍連皮切掉頂部，放入可覆蓋的水中，加入米糠與鷹爪椒 1～2 根，蓋上鍋蓋燉煮。煮至竹籤可以輕易穿透程度，離火連同鍋子冷卻。
2. 剝除竹筍外皮，用竹籤刮除表面雜質，然後對半剖開。
3. 將竹筍放入鍋中，加入高湯、清酒、味醂燉煮，待竹筍釋放香氣後，再以淡口醬油與鹽調味。
4. 將竹筍切成容易食用大小的滾刀塊狀。
5. 螢烏賊去除眼睛、口器及軟骨，修整觸手長度。
6. 將竹筍與螢烏賊拌入羅勒味噌，盛盤後擺放裝飾用的羅勒葉。

### 生青海苔佐白身魚拌義大利香醋

【材料】4 人份
生青海苔 10g　獨活（粗段）3cm　山藥少許　小番茄 4 顆　油菜花 4 根　百合根 4 片　白身魚 20 隻　梅肉少許　食用色素紅色微量
義大利香醋（高湯 280㎖　白巴薩米克醋 20㎖　味醂 20㎖　淡口醬油 20㎖　砂糖少許　鹽少許　吉利丁片 4g）※ 將所有液體材料煮沸調味，放入泡軟的吉利丁片，迅速冷卻）
白身魚高湯（清酒 2：味醂 1：鹽少許：淡口醬油少許）
甜醋（水 200㎖　醋 100㎖　砂糖 50g　鹽 5g　※ 材料混合後加熱至砂糖、鹽溶解，放涼備用）

【作法】
1. 獨活削皮切塊，泡醋水後燙熟，起鍋浸入甜醋。
2. 小番茄燙過去皮，泡入甜醋。
3. 山藥削皮，切成 0.5cm 小丁，泡醋水後以清水沖洗。
4. 油菜花用鹽水燙過，立即放入冰水中冷卻。
5. 百合根剝成花瓣狀，放入加微量食用色素紅色的熱水中加熱至顏色變深，再放入冰水冷卻。
6. 白身魚逐條擺放鍋底，加入清酒、味醂燉煮，最後加鹽與醬油調味，鍋底隔冰水迅速降溫冷卻。
7. 青海苔放入網篩，在裝水的碗中攪拌清洗，擰乾水分。
8. 將青海苔拌入義大利香醋，與其他食材盛盤。

❖備註
白巴薩米克醋風味清爽且色澤淡雅，能突顯食材的原色，適合和食料理。

### 炸根莖蔬菜與鰤魚佐塔塔醬

【材料】4 人份
白蘿蔔、蓮藕、馬鈴薯、山藥等根菜，切成 5cm 直徑的薄片 24 片　鰤魚 300g　烏魚子 40g　鮭魚卵 40g　米莫萊特起司 40g

< 塔塔醬 >4 人份
水煮蛋（切碎）1 顆　美乃滋 3 大匙　紫蘇漬（切碎）15g　紅蔥頭（切碎）15g　細香蔥（切碎）適量　砂糖 1 大匙　檸檬汁 1 小匙　鹽、黑胡椒適量

【作法】
1. 根莖類蔬菜擦乾水分，以 160℃的油鍋炸至表面金黃酥脆，撒上少許鹽。
2. 鰤魚切成粗丁，鋪在盤中撒上少許鹽，靜置 30 分鐘後，用廚房紙巾吸乾水分。
3. 將鰤魚與塔塔醬拌勻，放在炸根莖蔬菜上。
4. 在表面刨入烏魚子與米莫萊特起司。

### 新生薑與山椒粒煮

【材料】（容易製作的分量）
嫩薑：500g　山椒粒（去梗）50g
高湯調味料（高湯16：濃口醬油1：清酒2：味醂1　砂糖適量）

【作法】
1. 山椒粒放入加鹽的滾水中燙煮，起鍋後浸泡在流水中約1小時。接著，與等量的清酒和水一起煮至軟化，然後連同鍋子放涼。
2. 嫩薑切片後，放入加了醋的熱水中稍微燙煮，起鍋瀝乾水分，撒上少許鹽。待冷卻後，以清水沖洗，再用手擠乾多餘水分，放入高湯調味料燉煮。當嫩薑入味後，加入山椒粒，繼續燉煮至湯汁收乾即可。

### 山菊與蛤蜊佃煮

【材料】（容易製作的分量）
山菊 300g　帶殼蛤蜊 500g　昆布高湯　清酒（足夠淹過蛤蜊、等量的清酒）　薑絲少許
佃煮調味料（高湯 900㎖：清酒 100㎖　味醂 50㎖：濃口醬油 50㎖　砂糖適量）

【作法】
1. 山菊汆燙後迅速放入冰水冷卻，去皮後切成 3cm 長。
2. 蛤蜊平鋪在寬口容器內，加入微量的鹽水（剛好淹過表面），用報紙蓋住，放置於陰涼處（夏天需冷藏）靜置半日，使其吐沙。
3. 將蛤蜊放入鍋中，倒入昆布高湯與清酒加熱，待蛤蜊開口後立即取肉，湯汁繼續煮至酒精揮發（此高湯可冷凍保存，用於其他蛤蜊湯品）。
4. 將山菊與佃煮調味料一起燉煮，待入味後關火，放涼讓風味更加濃郁。
5. 再度加熱，最後加入蛤蜊肉，收乾湯汁後即完成。

### 油封干貝佐山菜檸檬醋

【材料】4 人份
干貝柱 4 顆　山菊 1/2 根　茗荷 1 個　獨活（粗段）4cm　小根竹筍 1/2 根　山椒葉 4 片　檸檬 1/2 顆　烤白蔥 1/4 根　太白芝麻油適量
土佐醋　吸汁八方高湯
蛋黃醋（土佐醋 100㎖ + 蛋黃 4 顆，隔水加熱攪拌至滑順後，置於冰水中降溫）

【作法】
1. 干貝撒鹽靜置 30 分鐘，擦乾水分後，與適量太白芝麻油及烤白蔥一起放入密封袋，排出空氣，密封備用。
2. 將步驟 1 放入 50℃的水中，進行 50 分鐘低溫烹調。
3. 山菊切成適合鍋子的長度，表面撒鹽搓揉靜置 10 分鐘，再燙熟放入冷水中冷卻去皮，切成斜切段，浸泡於八方高湯中。
4. 茗荷切絲，川燙後瀝乾。獨活切滾刀塊，泡醋水防止變色，燙熟後醃入甜醋。
5. 竹筍參考前述 P.175 的「炙烤竹筍與螢烏賊拌羅勒味噌」的預先處理方式，燉煮後切片。
6. 將低溫熟成的干貝切片，與步驟 3、4 的山菜堆疊擺盤，並淋上蛋黃醋。
7. 最後淋上土佐醋，擠上檸檬汁，撒上山椒葉點綴。

## 涼拌時蔬番茄湯

【材料】4 人份
水果番茄 8 顆　時令蔬菜 5 大匙　蓮藕（約 3cm 長）1 個　秋葵 1 根　洋蔥 1/8 顆　鹽適量　黑胡椒適量　甜醋

【作法】
1. 水果番茄燙過去皮，其中 4 顆放入果汁機打成果汁，加入適量鹽調味。剩餘的 4 顆切成 1/4 大小。
2. 時令蔬菜汆燙、秋葵撒鹽後燙熟，切成圓片並去除種子。
3. 蓮藕放入加醋的滾水中燙煮後，切成花瓣形狀，再浸泡於甜醋中。
4. 將番茄汁倒入較深的湯碗中，擺上時令蔬菜、秋葵與蓮藕，最後撒上切碎的洋蔥、黑胡椒即完成。

## 鯛魚白子　珍味三品

※ 鯛魚白子的預先處理
1. 鯛魚白子用鹽輕輕搓揉去除黏液，然後用水沖洗乾淨，接著浸泡於淡鹽水中約 30 分鐘。
2. 將白子放入昆布高湯，加入少量清酒與鹽，煮沸後關火，讓白子連同鍋子一起冷卻。

< 鯛魚白子酒盜漬 >
【材料】
鯛魚白子 200g　酒盜 100g　清酒適量
【作法】
1. 酒盜用刀剁碎，放入鋪有紗布的濾網中，置於水盆內浸泡 30 分鐘，去除多餘鹽分。若鹹度適中，加入適量清酒煮沸後迅速冷卻。
2. 將處理好的鯛魚白子放入酒盜醬汁內醃漬約 3 小時，即可享用。

< 鯛魚昆布佐白子拌柚子醋 >
【材料】
鯛魚上身 200g　鯛魚白子（已預先處理）100g　昆布（用於醃漬）　細香蔥　一味唐辛子　切碎的昆布少許　高湯柑橘醋（柑橘醋 3：土佐醋 1）
【作法】
1. 鯛魚去皮，若有腥味可撒少許鹽靜置片刻後用廚房紙巾擦乾，僅上身側覆上昆布，醃漬 8 小時，然後切絲。
2. 處理好的鯛魚白子過篩搗碎。
3. 鯛魚絲與高湯柑橘醋及切碎的昆布拌勻，裝盤後放上鯛魚白子泥，撒上一味唐辛子與細香蔥，即可享用。

< 鯛魚白子酒粕燒 >
【材料】
酒粕醃料（酒粕 200g：砂糖 50g：鹽 10g：淡口醬油 60㎖：味醂 50㎖）
【作法】
將預先處理好的白子用紗布包裹（避免直接接觸醃漬醬），放入酒粕醃料中醃漬 6～8 小時。取出後烘烤至表面微焦，即可享用。

## 醬油漬蘿蔔乾

【材料】4 人份
切絲的蘿蔔乾 50g　行者大蒜 10 根　小黃瓜 1 根　蒜頭 1 瓣　昆布 10cm 見方　鷹爪椒 1 根
調味醬汁（濃口醬油 1：米醋 1：水 1：砂糖 1　鹽少許）

【作法】
1. 切絲的蘿蔔乾泡水還原一夜，撈起後瀝乾水分。
2. 行者大蒜洗淨去泥，撒少許鹽燙熟，瀝乾備用。
3. 小黃瓜撒鹽搓揉，靜置片刻後洗淨，縱向切成四等分，去籽再稍微拍碎。
4. 蒜頭去皮切半，鷹爪椒去籽後以熱水泡軟，切成小段。
5. 將調味醬汁煮沸後，迅速地放入冰水冷卻。
6. 將所有食材放入冷卻後的醬汁中，與蒜頭、鷹爪椒、昆布一起醃漬至少一天，即可享用。

176

### 苦瓜與珍珠蛤貝的酒粕涼拌菜

【材料】4 人份
苦瓜 1/2 條　珍珠蛤貝 50g　紫蘇漬 20g
酒粕拌料（吟釀清酒酒粕 200g：砂糖 50g：鹽 10g：淡口醬油 2 大匙：味醂 1.5 大匙）

【作法】
1. 苦瓜切成 1/4、去籽，將苦瓜切片後用鹽輕輕搓揉，接著快速地用鹽水汆燙，最後放入冷水中沖洗。
2. 珍珠蛤貝撒上鹽與清酒，燒烤後迅速地降溫。
3. 將步驟 1 與 2 的水分擦乾，並將其放入酒粕拌料中，醃漬約半天。
4. 將醃好的步驟 3 盛入碗中，並在上面撒上切碎的紫蘇漬作為點綴。

### 水晶冬瓜　干貝柱生薑醬汁

【材料】4 人份
冬瓜 1/8 條　干貝柱 20g　櫻花蝦 20g
生薑泥適量
昆布高湯（水 500ml　昆布 15g）　柴魚片 50g　加水溶解的葛根粉適量　鹽適量　淡口醬油適量　味醂適量

【作法】
1. 冬瓜去皮後，用刀在表面劃出菱形刀紋，將表面撒上明礬與鹽比例約 1：10 的明礬鹽，搓揉後燙煮 10 分鐘，直到變軟，然後放入冷水中沖涼，並將鹽分沖去。
2. 干貝柱浸泡在昆布高湯中一晚，使其回軟，然後取出干貝柱，將湯煮沸後放入柴魚片再過篩。
3. 將步驟 2 的干貝柱與櫻花蝦放入過濾後的高湯中，用鹽、淡口醬油、味醂調味，加入冬瓜一起燉煮。
4. 將步驟 3 的燉煮高湯加入加水溶解的葛根粉調成濃稠的餡汁，然後將冬瓜放入盤中，將餡汁淋上，最後撒上生薑泥作為點綴。

### 夏季蔬菜的炸煮

【材料】4 人份
賀茂茄子 1/2 條　南瓜（切成每片 5cm 寬）4 片　山藥（切成 4cm 長的半月形）1 個
小芋頭 4 顆　蓮藕（約 3cm 長）1 個　洋蔥 1/8 顆　秋葵 2 根　黃櫛瓜、綠櫛瓜各 1/5 條　紅椒 1/8 顆　明蝦 4 隻
調味高湯（高湯 8：味醂 1：淡口醬油 0.5：醬油 0.5：砂糖適量）

【作法】
1. 將賀茂茄子去皮後切成 4 等份。
2. 南瓜切成 5cm 寬 4 片，山藥切成 1cm 寬 1 片，蓮藕切成 4 等份，小芋頭去皮後燙煮，洋蔥切成半月形，秋葵切開，黃、綠櫛瓜去籽後切成圓片，紅椒切成 4 等份。
3. 明蝦撒鹽搓揉後，去殼備用。
4. 將步驟 1 與步驟 2 分別放入 170℃ 的油鍋中油炸至金黃酥脆，然後放入熱水中過水，去除多餘油分，並放入調味高湯中燉煮。
5. 將煮好的步驟 4 盛盤，最後再放上步驟 3 點綴。

### 南蠻風味咖哩章魚

【材料】4 人份
章魚（章魚腳）1 條　小黃瓜 1/2 條　海帶芽 30g　水果番茄 2 顆　咖哩調味料（咖哩粉 1：麵粉 3）　土佐醋

【作法】
1. 將活章魚用米糠搓洗，去除黏液，然後用水洗淨，汆燙過後再放入冷水中冷卻。
2. 將小黃瓜切半、去籽、切片，並用鹽輕搓揉至軟化，再用水沖洗、去除鹽分，最後擦乾水分。
3. 海帶芽去根，切成 3cm 見方，汆燙後放入冷水中，並用土佐醋清洗。
4. 水果番茄汆燙去皮後，切成 6 等分。
5. 將步驟 1 的章魚裹上咖哩調味料，放入 170℃的油鍋中炸約 90 秒。
6. 將步驟 2～4 的材料擺盤，將炸好的章魚切塊擺上，並淋上土佐醋。

### 鰻魚醋黃瓜

【材料】4 人份
鰻魚 1/2 條　茗荷 1 根　小黃瓜 1/2 條　山藥（切成 5cm 長半月形）1 根　小蘿蔔 1/2 顆　西洋芹 1/2 根　甜醋　土佐醋

【作法】
1. 將鰻魚燒烤並來回塗上 3 層醬料，切成等份。
2. 茗荷切半，汆燙過後撒鹽，冷卻後用水沖洗，然後浸入甜醋中並切成細絲。
3. 小黃瓜劃上蛇腹切，再切成 1.5cm 長的小段，撒鹽後靜置至軟化。
4. 西洋芹去皮，燙過後切成細段，並浸泡在甜醋中。
5. 山藥去皮後浸泡在醋水中去除黏液，水洗後切片。
6. 小蘿蔔切成半月形，撒鹽後靜置至軟化。
7. 將步驟 3、5、6 的材料用土佐醋清洗並調味。
8. 將燒烤好的鰻魚與所有的蔬菜擺盤，並淋上土佐醋。

### 新鮮馬鈴薯棣棠花炸

【材料】4 人份
新鮮馬鈴薯（小）16 顆　明蝦 4 隻　山椒花適量　芥末適量　梔子花的果實 2 顆　銀餡（高湯 300㎖：味醂 15㎖：淡口醬油 15㎖：鹽少許：加水溶解的葛根粉適量）

【作法】
1. 將新鮮馬鈴薯去皮，並用梔子花的果實燙煮以使其變為黃色，然後放入 170℃的油鍋中炸至金黃酥脆。
2. 明蝦用鹽水燙煮後去殼，切碎並將其做成蝦泥，加入銀餡中。
3. 山椒花用鹽水搓揉後燙煮，然後放入冷水中冷卻。
4. 將炸好的步驟 1 擺盤，淋上加入步驟 2 的銀餡，並在上面擺放步驟 3 的山椒花與芥末。

### 汆燙海鰻魚佐梅肉果凍

【材料】4 人份
海鰻（300g）1/2 條　冬瓜 100g　小白菜 8 片　紫蘇 8 根　香煎紫蘇少許
梅肉果凍（八方醋果凍 120㎖：梅肉 1 大匙）

【作法】
1. 海鰻用水沖洗後，開背去骨，切成 1cm 寬的段，汆燙過後備用。
2. 冬瓜去皮後切片，用鹽揉搓至軟化，再用水沖洗並浸泡在甜醋中。
3. 小白菜撒鹽後汆燙，再放入冷水中冷卻。
4. 將步驟 2 的冬瓜擺盤，再將燙過的鰻魚放在上面，淋上梅肉果凍，再擺上小白菜、撒上紫蘇花穗和香煎紫蘇裝飾。

### 海鰻魚皮黃瓜和生魚片海蜇拌

【材料】4 人份
海鰻（300g）1/4 條　海鰻皮切絲 20g　水母生魚片 30g　小黃瓜 1/2 條　茗荷 1 顆　炒芝麻適量
魚醬汁（清酒、味醂、濃口醬油、溜醬油、冰砂糖）　甜醋

【作法】
1. 鰻魚開背去骨後串上金屬串，塗上醬汁燒烤，完成後切成小段。
2. 小黃瓜切半、去籽、切片後用鹽輕輕搓揉至軟化，沖水後將鹽分沖掉，擦乾水分。
3. 水母生魚片切成容易食用大小，浸泡在甜醋中。
4. 茗荷切半燙過水後，撒鹽放涼後沖水，再浸泡在甜醋中。
5. 將步驟 1～4 的材料混合，加入魚醬汁調味，最後撒上白芝麻後即可上桌。

### 涮牛肉沙拉

【材料】4 人份
牛里肌肉切片 50g×2 片　沙拉用水菜 1/2 束　沙拉用西洋芹 1/2 束　紅甜椒 1/8 顆　黃甜椒 1/8 顆　洋蔥 1/4 顆　寒天蒟蒻絲 20g　馬鈴薯 1/2 顆　芝麻 1/2 小匙　松子（切碎）1/2 小匙　昆布高湯
芝麻醬汁（磨碎的芝麻 90g：美乃滋 90g：白味噌 25g：砂糖 100g：柚子醋 540㎖：濃口醬油 15㎖：芝麻油 30㎖：橄欖油 30㎖）

【作法】
1. 沙拉用水菜、沙拉用芹菜和海藻絲切成 3cm 長段。
2. 紅甜椒和黃甜椒切薄片後切成絲，洋蔥也切成薄片。
3. 馬鈴薯切絲後浸泡在水中，然後擦乾水分並放入 170℃的油鍋中炸至金黃酥脆。
4. 牛里肌肉切片在大約 67℃的昆布高湯中涮至略為粉紅，起鍋後放入常溫水中浸泡　※ 不要使用冰水，因為冰水會使脂肪凝固。
5. 將步驟 4 用芝麻醬汁輕輕拌勻，再加入芝麻和松子。
6. 將步驟 1 和 2 的蔬菜擺盤，放上涮好的牛里肌肉切片，並將蔬菜再放在上面，淋上更多芝麻醬汁，最後放上步驟 3 的炸馬鈴薯絲作為點綴。

※ 寒天蒟蒻絲是將海藻萃取物凝固後，做成細如冬粉的食材，彈性十足的口感是其特徵。

## PROFILE

### 鶴林よしだ（鶴林吉田）

提供融入季節元素、從八寸開始一整套的日式料理。接連推出的獨創日本料理美味，讓饕客讚不絕口。吉田靖彥先生是這家店的創始人與初代店主。除了創業之外，還積極培育後輩，並寫有多本著作，在料理界中廣泛地活躍。如今，由受到吉田先生薰陶的舛田篤史先生擔任第二代店主，持續展現精湛廚藝。

地址／大阪府大阪市中央區東心齋橋2-5-21 大阪會館1樓
電話／06-6212-9007

### 日本料理　なかむら（日本料理中村）

中村博幸先生將在高級旅館和一流餐廳所積累的經驗與對料理的熱情融入，創設了本店。提供融合季節食材的創意料理，以及鑽研廚藝再創新的正宗日本料理。除了套裝料理外，還有近100道單點菜餚，讓顧客可以在單點菜單中盡情享受。

地址／大阪府大阪市北區曾根崎新地1-7-19 えすぱす北新地21 2樓
電話／06-6136-6244

## TITLE

### 小鉢料理　雅饌精選 300 道

**STAFF**

| | |
|---|---|
| 出版 | 瑞昇文化事業股份有限公司 |
| 作者 | 吉田靖彥　中村博幸 |
| 譯者 | 闕韻哲 |
| 創辦人/董事長 | 駱東墻 |
| CEO/行銷 | 陳冠偉 |
| 總編輯 | 郭湘齡 |
| 文字主編 | 張聿雯 |
| 美術主編 | 朱哲宏 |
| 校對編輯 | 于忠勤 |
| 國際版權 | 駱念德　張聿雯 |
| 排版 | 曾兆珩 |
| 製版 | 印研科技有限公司 |
| 印刷 | 龍岡數位文化股份有限公司 |
| 法律顧問 | 立勤國際法律事務所　黃沛聲律師 |
| 戶名 | 瑞昇文化事業股份有限公司 |
| 劃撥帳號 | 19598343 |
| 地址 | 新北市中和區景平路464巷2弄1-4號 |
| 電話 | (02)2945-3191 |
| 傳真 | (02)2945-3190 |
| 網址 | www.rising-books.com.tw |
| Mail | deepblue@rising-books.com.tw |
| 初版日期 | 2025年4月 |
| 定價 | NT$550／HK$172 |

**ORIGINAL JAPANESE EDITION STAFF**

| | |
|---|---|
| 編集 | 永瀬正人 |
| 撮影 | 後藤弘行　吉田和行 |
| デザイン | 小森秀樹 |

國家圖書館出版品預行編目資料

小鉢料理 雅饌精選300道/吉田靖彥, 中村博幸作；闕韻哲譯. -- 初版. -- 新北市：瑞昇文化事業股份有限公司, 2025.04
184面；19X25.7公分
ISBN 978-986-401-817-8(平裝)

1.CST: 烹飪 2.CST: 食譜 3.CST: 日本

427.131　　　　　　　　　　　　114002512

國內著作權保障，請勿翻印／如有破損或裝訂錯誤請寄回更換
Nihon Ryouriten No Kobachiryouri
©Yoshida Yasuhiko　2024 ©Nakamura Hiroyuki
Originally published in Japan in 2024 by ASAHIYA SHUPPAN CO.,LTD..
Chinese translation rights arranged through DAIKOUSHA INC.,KAWAGOE.